양자역학은
처음이지?

과학이 꼭 어려운 건 아니야 ②

양자역학은 처음이지?

Quantum Mechanics

곽영직 지음

북멘토

양자역학

: 원자보다 작은 세상으로 안내하는 양자역학

　　과학자들이 우리 주위에서 볼 수 있는 모든 물질이 원자라는 작은 알갱이로 이루어졌다는 것을 알아낸 것은 1800년대였다. 처음에는 원자가 더 이상 쪼개지지 않는 가장 작은 알갱이라고 생각했다. 그러나 1900년대 초에 원자가 양성자, 중성자, 전자와 같은 더 작은 알갱이들로 이루어져 있다는 것을 알게 된 과학자들은 원자의 내부 구조에 대해 연구하기 시작했다.

　　1600년대에 성립된 뉴턴역학과 1800년대에 완성된 전자기학으로 우리 주변에서 일어나는 일들을 성공적으로 설명해낸 과학자들은 아주 작은 세계에서 일어나는 일들도 뉴턴역학과 전자기학의 법칙들로 설명할 수 있을 것이라고 생각했다. 그러나 원자의 내부 구조에 대한 연구를 시작한 과학자들은 원자의 세계가 단지 크기만 작은 것이 아니라 우리가 살아가는 세상에서 성립하는 물리 법칙이 적용되지 않는 전혀 다른 세상이라는 것을 알게 되었다.

뉴턴역학이나 전자기학의 법칙들로는 설명할 수 없는 일들이 일어나고 있는 원자보다 작은 세상에서 일어나는 일들을 설명하기 위해서는 기존의 물리 법칙과는 다른 새로운 물리 법칙을 찾아내야 했다. 20세기 초에 원자보다 작은 세상에서 일어나는 일들을 설명하기 위해 만들어낸 새로운 역학이 양자역학이다.

양자역학을 통해 원자의 내부 구조와 원자보다 작은 세상에서 일어나는 일들을 이해할 수 있게 된 20세기에는 원자에 대한 지식을 바탕으로 물리학, 화학, 생물학 등 과학의 모든 분야가 크게 발전할 수 있었다. 양자역학을 통해 설명할 수 있게 된 원자보다 작은 세상에 대한 이해는 인류가 알아낸 최고의 지식이다.

우리가 늘 사용하고 있는 스마트폰이나 컴퓨터에서 우리를 위해 정보를 찾아주고 어려운 계산을 해주는 것은 모두 전자들이다. 우리가 이렇게 전자를 마음대로 부릴 수 있게 된 것은 양자역학을 통해 전자의 행동을 이해할 수 있게 되었기 때문이다. 양자역학은 우리가 사는 세상을 바꿔놓고 있는 전기 문명의 바탕을 이루고 있는 역학이다.

그러나 양자역학을 이해하는 것은 쉬운 일이 아니다. 아무리 성능이 좋은 현미경을 사용해도 직접 볼 수 없는 아주 작은 세상에서 일어나는 일들을, 우리 상식으로 이해하기 어려운 방법으로 설명하기 때문이다. 그렇다면 양자역학을 잘 이해할 수 있는 방법은 없을까?

양자역학을 이해하는 가장 확실한 방법은 양자역학이 성립되는 과정을 따라가는 것이다. 양자역학은 원자의 구조를 밝혀내려는 과학자들의 수많은 시행착오를 거쳐 완성되었다. 그들이 겪었던 시행착오를 함께 경험할 수 있다면 상식적으로 이해할 수 없는 양자역학의 법칙들이 도입된 이유를 알 수 있을 것이고, 따라서 양자역학 법칙들의 의미도 정확하게 이해할 수 있을 것이다.

이 책에서는 1800년대 초에 원자론이 등장할 때부터 시작해서 원자에 대한 새로운 사실들이 밝혀지는 과정과 원자와 관련된 새로운 사실들을 설명하기 위해 과학자들이 양자역학을 만들어가는 과정을 자세히 설명해 놓았다. 양자역학의 발전에 크게 공헌했지만 완성된 양자역학은 받아들이지 않았던 과학자들의 이야기나 고전 양자역학처럼 잘못된 것으로 밝혀져 이제는 폐기된 이론도 다루었고, 슈뢰딩거의 고양이와 같이 양자역학을 반대하기 위해 제안되었던 사고실험도 포함시켰다. 이런 것들이 모두 양자역학을 이해하는 데 도움이 된다고 생각했기 때문이다.

수학을 사용하지 않고 양자역학을 설명하기 위해 비유나 가상적인 이야기를 사용하기도 했고, 양자역학의 내용을 간단한 도표나 그림을 이용해 나타내기도 했다. 비유나 가상적인 이야기를 사용할 때는 이런 것들이 양자역학에 대한 잘못된 개념을 심어주지 않도록 많은 신경을 썼다. 양자역학에 대해서는 잘 모르는 사람들도 원자에 대해서는 많은 것을 알고 있는 경우가 많다. 따라서 이미 알고 있는 원자에 대한 지식이 양자역학으로부터 어떻게 얻어졌는지에 대해서도 자세하게 설명해 놓았다.

현대 과학의 바탕이 되고 있는 양자역학의 기본 개념이 성립하는 과정을 다룬 이 책이 자연에 대해 우리가 가지고 있는 이해의 지평을 넓히는 데 도움이 되었으면 좋겠다. 우리가 알고 있는 것과는 전혀 다른 물리 법칙들이 적용되는 또 다른 세상에 대해 알아가는 것은 새로운 세상을 여행하는 것만큼이나 즐거운 일이다. 이 책을 읽는 모든 사람들이 이런 즐거움을 맛볼 수 있었으면 좋겠다.

2020년 봄

곽영직

차례

Quantum Mechanics

1장

원자로 이루어진
세상

+ +   -   + -
  -       + -

카를스루에의 칸니차로

1860년 9월 3일 독일 남부 라인 강변에 있는 카를스루에에서 최초의 국제 화학회의가 열렸다. 당시 화학에서는 아직 분자식을 결정하는 방법을 정하지 못해 어려움을 겪고 있었다. 분자식은 하나의 분자 안에 어떤 원자들이 몇 개씩 들어 있는지를 나타내는 식이다. 물의 분자식 H_2O는 물 분자가 수소 원자 2개와 산소 원자 1개로 이루어졌다는 것을 나타내고, 메테인의 분자식 CH_4는 메테인 분자가 탄소 원자 1개와 수소 원자 4개로 이루어졌다는 것을 나타낸다. 따라서 분자식을 알기 위해서는 분자 안에 들어 있는 원자들의 수를 셀 수 있어야 했다.

당시에도 여러 가지 화학반응을 통해 분자 안에 들어 있는 원소들의 무게 비는 알고 있었다. 수소 2그램과 산소 16그램을 반응시키면 18그램의 물이 만들어졌으므로 물 분자 안에 들어 있는 수소와 산소의 무게 비가 1:8이라는 것은 알고 있었다. 그러나 물 18그램에 들어 있는 물 분자의 수가 몇 개인지, 그리고 한 개의 물 분자 안에 포함된 산소와 수소 원자의 수가 몇 개인지는 모르고 있었다. 원자의 개수를 세는 방법을 모르고 있었기 때문이다. 따라서 수소 원자나 산소 원자 하나의 무게가 얼마나 되는지도 알 수 없었고, 물 분자 하나의 무게도 알수 없었다.

1800년대 초에 돌턴이 물질이 원자로 이루어졌다는 원자론을 제안했지만 원자의 개수를 세는 방법이 없었으므로 원자론은 화학에 별 도움이 되지 않았다. 원자량이나 분자량을 정할 수도 없고, 분자식도 알 수 없었으므로 원자론을 이용하여 화학반응이 어떻게 일어나는지를 설명할 수도 없었고, 화학반응의 결과를 예측할 수도 없었다.

이런 문제점을 누구보다 잘 알고 있었던 돌턴은 이 문제를 해결하기 위해 두 원소가 한 가지 화합물을 만드는 경우에는 두 원소의 원자가 하나씩 결합하고, 두 원소가 두 번째 화합물을 만드는 경우에는 한 원소의 원자 하나에 다른 원소의 원자 두 개가 결합하며, 세 번째 화합물이 존재한다면 그것은 첫 번째 원소의 원자 두 개에 두 번째 원소의 원자 하나가 결합할 것이라고 가정했다. 이것을 기호를 이용해 나타내면, 즉 두 원소가 결합하여 화합물을 만들 때 화합물이 한 가지만 존재한다면 그 화합물의 분자식은 AB이고, 두 번째 화합물의 분자식은 AB_2이며, 세 번째 화합물의 분자식은 A_2B라는 것이다.

돌턴은 이 가정을 바탕으로 수소와 산소가 결합하여 만들어진 물의 분자식은 HO라고 했고, 탄소와 산소가 결합하여 만들어지는 일산화탄소와 이산화탄소의 분자식은 각각 CO와 CO_2라고 했으며, 질소와 산소가 결합하여 만들어지는 화합물들의 분자식은 각각 NO(일산화질소), NO_2(이산화질소)라고 했다. 이런 방법으로 탄소와 질소 산화물의 경우에는 올바른 분자식을 얻어냈지만 물의 경우에는 올바른 분자식을 얻어내지 못했다.

물은 수소 원자 1개와 산소 원자 1개가 결합한 HO가 맞을 거야.

헐 대단한 과학자라고 들었는데 물이 HO라니 나도 물이 H_2O인 걸 아는데…. 쯧!

돌턴

이런 가정으로는 세 개 이상의 원자들이 결합하여 만들어지는 복잡한 분자들의 분자식은 더욱 알 수 없었다. 따라서 아무런 과학적 근거가 없는 돌턴의 가정은 널리 받아들여지지 않았다. 분자식을 알 수 없었던 화학자들은 분자 안에 포함된 원소들의 양을 바탕으로 나름대로 적당한 분자식을 만들어 사용했다. 따라서 화학자들마다 같은 화합물을 다른 분자식으로 나타내기도 했다. 1800년대 중반에 출판된 한 화학 교과서에 초산의 분자식이 19가지나 실려 있었던 것은 이런 혼란이 어느 정도였는지를 잘 나타낸다.

1860년에 독일 카를스루에에서 열린 국제화학회의는 이런 문제를 해결하기 위한 것이었다. 이 회의에서 이탈리아 제노바대학의 교수였던 스타니슬라오 칸니차로가 아보가드로의 가설과 2원자 분자설을 받아들이면 이런 문제를 해결할 수 있다는 내용의 논문을 참석자들에게 배포하고, 강연을 통해 이것을 받아들이도록 화학자들을 설득했다.

아보가드로의 가설과 2원자 분자 가설을 마땅치 않게 생각하던 사람들도 칸니차로의 논리적인 설득에 귀를 기울이게 되었다. 그 후 화학자들이 점차로 칸니차로의 권유를 받아들여 여러 가지 화합물의 분자식을 결정해 나가면서 화학계가 겪고 있던 혼란이 해결되었다. 이로 인해 모든 물질

$$C_4H_4O_4 \ldots \ldots \text{empirische Formel.}$$
$$C_4H_3O_3 + HO \ldots \text{dualistische Formel.}$$
$$C_4H_3O_4 \cdot H \ldots \text{Wasserstoffsäure-Theorie.}$$
$$C_8H_4 + O_4 \ldots \text{Kerntheorie.}$$
$$C_4H_2O_2 + HO_2 \ldots \text{Longchamp's Ansicht.}$$
$$C_4H + H_2O_4 \ldots \text{Graham's Ansicht.}$$
$$C_4H_2O_2.O + HO \ldots \text{Radicaltheorie.}$$
$$C_4H_2 \cdot O_3 + HO \ldots \text{Radicaltheorie.}$$
$$C_4H_2O_2 {}^{H}_{H} O_2 \ldots \text{Gerhardt. Typentheorie.}$$
$${C_2H_3 \atop H} O_4 \ldots \text{Typentheorie(Schischkoff)etc.}$$
$$C_2O_3 + C_2H_3 + HO \ldots \text{Berzelius' Paarlingstheorie.}$$
$$HO.(C_2H_3)C_2, O_3 \ldots \text{Kolbe's Ansicht.}$$
$$HO.(C_2H_3)C_2, O.O_2 \ldots \text{ditto}$$
$$C_2(C_2H_3)O_2 {}^{H}_{H} O_2 \ldots \text{Wurtz.}$$
$$C_2H_3(C_2O_3) {}^{H}_{H} O_2 \ldots \text{Mendius.}$$
$$C_2H_2.{HO \atop HO} C_2O_2 \ldots \text{Geuther.}$$
$$C_2 {C_2H_3 \atop O} O + HO \ldots \text{Rochleder.}$$
$$\left(C_2 {H_2 \atop CO} + CO_2\right) + HO \ldots \text{Persoz.}$$
$$C_2 {C_2 {O_2 \atop H} \atop H} {H \atop H} O_2 \ldots \text{Buff.}$$

■ 1861년에 출판된 화학 교과서에 당시 화학자들이 사용하던 19가지 아세트산의 분자식이 소개되어 있다.

이 더 이상 쪼개질 수 없는 가장 작은 알갱이인 원자로 이루어졌다는 원자론이 널리 받아들여지게 되어 화학이 크게 발전할 수 있었다.

그렇다면 원자론은 무엇이고, 아보가드로의 가설은 무엇이며, 2원자 가설은 또 무엇일까? 그리고 화학자들은 어떻게 눈에 보이지 않는 원자들의 수를 알아내고 분자식을 결정할 수 있었을까?

4원소설

∞ 지금부터 약 2600년 전에 과학을 시작한 고대 그리스 철학자들이 가장 먼저 관심을 가진 것은 세상이 무엇으로 만들어졌을까 하는 문제였다. 과학의 아버지라고 불리는 탈레스는 세상이 물로 이루어졌다고 주장했다. 그러나 또 다른 철학자는 세상이 불로 만들어졌다고 했고, 어떤 철학자는 공기로 만들어졌다고도 했다. 이런 여러 철학자들의 생각을 종합하여 고대 그리스 철학자들은 우리가 살고 있는 세상이 물, 흙, 공기, 불의 4가지 원소로 이루어졌다는 4원소설을 만들었다. 4원소설이란 4가지 원소가 각기 다른 비율로 섞여 세상의 다양한 물질을 만든다는 이론이다. 그러나 하늘의 천체들은 우리가 살아가는 세상의 물질과는 다른 5번째 원소인 에테르로 이루어졌다고 주장했다.

고대 그리스에서 만들어진 4원소설은 2000년 가까이 물질의 조성과 변화를 설명하는 기본 원리로 받아들여졌다. 그러나 1700년대에 하나의 원소라고 생각했던 공기에서 여러 가지 기체들을 분리해 내자 4원소설이 기초부터 흔들리기 시작했다. 새로운 기체 발견에 앞장섰던 사람은 스코틀랜드의 의사였던 조셉 블랙이었다. 블랙은 화학 반응을 통해 생성되는 여러 가지 기체의 성질을 조사하다가 공기와는 전혀 다른 성질을 가지고 있는 기체를 발견하고 '고정공기'라고 불렀다. 공기보다 무거운 이 기체 안에서는 불꽃이 꺼졌고, 생물이 살지 못했다. 블랙이 발견한 기체는 후에 이산화탄소라고 부르게 되었다.

영국의 헨리 캐번디시는 1766년에 아연, 주석, 철과 같은 금속을 묽은 산에 넣었을 때 나오는 수소를 따로 모으는 데 성공했다. 그는 서로 다른 금속과 산이 반응할 때 발생하는 기체가 모두 같다는 것과 이 기체가 공기보다 훨씬 가볍다는 것을 알아냈다. 그는 1773년에 조셉 프리스틀리가 발견한 산소와 수소를 반응시키면 물이 만들어진다는 것을 알아내기도 했다. 기독교 목사이기도 했던 프리스틀리는 산소 외에도 여러 가지 기체를 분류했다.

여러 학자들이 발견한 새로운 기체들과 새롭게 밝혀진 화학반응을 바탕으로 근대 화학의 기초를 마련한 사람은 프랑스의 앙투안 라부아지에였다. 라부아지에는 프리스틀리가 발견한 기체에 산소라는 이름을 붙였고, 연소와 산화가 모두 물질과 산소가 결합하는 화학반응이라는 것을 알아냈다. 그때까지는 여러 가지 잘못된 이론을 이용해서 물질이 불에 타는 연소와 금속에 녹이 쓰는 산화를 설명해왔는데 라부아지에가 이를 바로 잡은 것이다.

라부아지에는 또한 화학반응에서는 질량이 보존된다는 질량보존의 법칙을 제시하기도 했다. 화학반응에서는 원소들의 결합 상태만 바뀔 뿐 물질이 생겨나거나 없어지지 않는다는 것이다. 그는 또한 화합물의 이름을 정하는 방법을 제안하기도 했다. 현재 화학에서 사용하는 화합물의 이름들 중에는 그가 만든 규칙을 이용하여 정해진 것들이 많다. 라부아지에는 이런 여러 가지 업적을 통해 근대 화학의 기초를 닦았기 때문에 근대 화학의 아버지라고 불린다.

새롭게 발견된 기체들과 화학반응에 대한 새로운 이해로 4원소

화학의 아버지라는 칭호는 과분한 칭호입니다. 하지만 내가 화학 발전을 위해 노력한 것은 사실입니다. 내가 살던 시대에는 화학에 아직 연금술이나 잘못된 학설의 잔재가 많이 남아 있었습니다. 따라서 올바른 실험결과를 얻고도 잘못 해석하는 경우가 많았습니다. 나는 모든 것을 직접 실험을 통해 확인하려고 했습니다. 실험만큼 확실한 것은 없거든요. 연소와 산화가 모두 산소와 물질이 결합하는 것이라든가 화학반응 중에는 전체 질량이 변하지 않는다는 질량보존의 법칙도 실험을 통해 알게 된 사실입니다.

그러나 화학자였던 내가 정치와 관련된 사업에 손을 댄 것은 나의 가장 큰 실수였습니다. 이로 인해 결국은 단두대에서 목숨을 잃게 되었고, 이는 나 자신은 물론 전체 화학계에도 불행한 일이었습니다.

라부아지에

설은 이제 더 이상 지탱할 수 없게 되었다. 라부아지에는 1789년에 출판한 『화학 원론』이라는 책에 23개 원소가 포함된 원소표를 실었다. 그것은 세상이 네 가지 원소가 아니라 수많은 원소로 이루어졌다는 것을 의미하는 것이었다. 이후에도 과학자들은 화학반응을 이용하여 계속 새로운 원소를 찾아내고 있었다. 그러나 본격적인 원자론이 등장하기 위해서는 아직도 몇 개의 산을 더 넘어야 했다.

일정성분비의 법칙과 배수비례의 법칙

∞ 앞에서 흙, 물, 공기, 불의 네 가지 원소가 적당한 비율로 결합하여 세상 만물을 만든다고 설명하는 것을 4원소설이라고 했다. 4원

소설에서는 원소들이 얼마든지 작은 양으로 분리할 수 있는 연속적인 물질이라고 생각했다. 따라서 네 가지 원소를 적당한 비율로 섞으면 세상의 모든 물질을 만들 수 있을 것이라고 생각했다. 그런데 이런 원소설로는 설명하기 어려운 현상들이 발견되기 시작했다.

1799년에 프랑스의 조셉 프루스트가 자연에 존재하는 탄산구리(공작석)와 실험실에서 화학반응을 통해 만든 탄산구리의 성분을 조사하여 두 가지 탄산구리 안에 존재하는 산소와 탄소 그리고 구리의 무게 비가 정확하게 같다는 것을 알아냈다. 이렇게 화합물 안에 포함되어 있는 원소의 무게 비가 항상 같은 것을 일정성분비의 법칙이라고 부른다.

탄산구리의 구성 성분이 모두 같다는 것은 어찌 보면 너무나 당연한 이야기처럼 들린다. 그러나 다시 생각해보면 원소설로는 이것을 설명하기 어렵다는 것을 알 수 있다. 요리책을 보고 여러 가지 양념을 넣어 요리를 하는 경우를 생각해보자. 아무리 같은 요리책을 보고 요리를 한다고 해도 여러 사람이 만든 요리 안에 양념이 정확하게 같은 비율로 들어가게 할 수는 없다. 정밀한 저울을 이용해서 정확한 양을 넣는다고 해도 조금씩 다른 양의 양념이 들어갈 수밖에 없다. 무게를 달 때는 항상 어느 정도의 오차가 있기 때문이다. 그런데 구리와 탄소, 그리고 산소를 다른 반응을 통해 탄산구리를 만들었는데 어떻게 항상 구리와 산소, 그리고 탄소의 무게 비가 같을 수 있을까?

문제는 그것뿐만이 아니었다. 1803년에 영국의 존 돌턴이 두 종류의 원소가 결합하여 여러 종류의 화합물을 만들 때, 한 원소의 일정한 양과 결합하는 다른 원소의 양이 정수비를 이룬다는 배수비례의 법칙을 발견했다. 예를 들어 질소와 산소가 결합하여 여러 가지 화합물을 만들 때 일정한 양의 질소와 결합하는 산소의 양이 항상 정수비를 이루었던 것이다. 질소와 산소가 결합하면 일산화이질소(아산화질소, N_2O), 일산화질소(NO), 이산화질소(과산화질소, NO_2)와 같은 여러 가지 질소 산화물이 만들어지는데 이때 일정량의 질소와 결합하는 산소의 비는 1:2:4가 된다. 탄소와 산소가 결합하여 만들어지는 일산화탄소(CO), 이산화탄소(CO_2)의 경우에도 일정한 양의 탄소와 결합하는 산소의 비는 정확하게 1:2이다.

원소가 아주 작은 양으로 나누어질 수 있는 연속된 물질이라면 어떻게 이렇게 항상 정수비를 이룰 수 있을까? 이것은 고대 원소설로는 설명할 수 없는 커다란 수수께끼였다. 물질 사이의 화학반응을 제대로 설명하기 위해서는 이런 수수께끼를 해결해야 했다. 영국의 존 돌턴은 이런 문제를 해결하기 위해 원자론을 제안했다.

원자론

∞ 화학자이며 기상학자였고 물리학자이기도 했던 돌턴은 물질이 더 이상 쪼갤 수 없는 작은 알갱이로 이루어졌다면 이런 현상들을 쉽게 설명할 수 있을 것이라고 생각했다. 탄산구리를 만들 때 구리 조금, 산소 조금, 탄소 조금 섞어서 만든다면 만들 때마다 각 성분

의 양이 조금씩 달라질 수밖에 없지만 구리, 탄소, 산소와 같은 원소가 작은 알갱이인 원자로 이루어져 있다면 구리 원자 몇 개, 탄소 원자 몇 개, 그리고 산소 원자 몇 개를 결합해 항상 같은 성분의 탄산구리를 만들 수 있다고 생각한 것이다.

이것은 요리를 할 때 설탕 조금, 소금 조금 넣어 요리를 한다면 요리할 때마다 음식에 들어가는 설탕과 소금의 양이 달라질 수밖에 없지만 설탕이나 소금이 모두 각설탕과 같은 덩어리로 되어 있다면 설탕 몇 개, 소금 몇 개를 넣기 때문에 항상 같은 양을 넣을 수 있는 것과 마찬가지이다.

물질이 알갱이로 되어 있으면 배수비례의 법칙도 쉽게 설명할 수 있다. 질소 원자 하나와 결합할 수 있는 산소 원자의 수는 하나나 둘, 또는 셋과 같이 정수여야 하므로 정수비를 이룰 수밖에 없다.

요리할 때마다 소금과 설탕을 정확한 비율로 넣어야 하는데 난 그게 잘 안 돼. 어떤 때는 짜고 어떤 때는 너무 달고, 무슨 좋은 방법이 없을까?

가루 설탕이나 가루 소금을 사용하지 말고, 각설탕이나 각소금을 써 봐! 설탕 하나, 소금 두 개 이런 식으로 말이야. 그럼 항상 일정한 양의 소금과 설탕을 넣을 수 있을 거야.

돌턴은 물질이 더 이상 쪼갤 수 없는 알갱이인 원자로 이루어졌다는 생각이 담겨 있는 최초의 논문을 1803년에 발표했고, 1805년에 발표한 논문에도 원자론에 대한 내용을 포함시켰다. 그리고 1807년에 다른 화학자가 출판한 『화학의 체계』라는 책에도 원자론에 대한 내용이 실렸다. 돌턴이 자신의 생각을 그 책에 싣도록 허락했던 것이다. 그리고 1808년에 돌턴이 출판한 『화학의 새로운 체계』에는 원자론에 대한 더 자세한 내용이 실렸다. 많은 사람들은 『화학의 새로운 체계』가 발간된 1808년을 돌턴이 원자론을 처음 제안한 해로 보고 있다. 『화학의 새로운 체계』에 실려 있는 원자론의 내용을 요약하면 다음과 같다.

1. 물질은 원자라는 작은 알갱이로 이루어져 있다.
2. 같은 종류의 원자는 크기와 무게, 그리고 성질이 동일하다.
3. 원자는 창조하거나 파괴할 수 없으며 더 쪼갤 수 없다.
4. 화학반응은 원자들이 결합되거나 분리되어 새롭게 배열되는 것이다.

원자를 뜻하는 영어 단어 atom은 쪼개지지 않는다는 의미를 가지고 있는 그리스어에서 따온 말이다. 원자론은 물질에 대한 기존의 생각을 새롭게 바꾼 것이었다. 고대 그리스에도 물질이 더 쪼갤 수 없는 작은 알갱이로 이루어졌다고 주장하는 사람들이 있었다. 그러나 그들의 주장은 4원소설에 밀려서 사람들의 주목을 받지 못했다. 그러나 18세기에 있었던 새로운 기체들의 발견과 화학반응에 대한 새로운 이해를 통해 4원소설이 폐기되고 원자론이 등장한 것이다.

■ 돌턴

4원소설에서는 물질을 만드는 기본적인 원소의 수가 4개라고 했지만, 원자론에서는 물질을 이루는 원자의 종류가 4가지보다 훨씬 많았다. 따라서 두 이론의 가장 큰 차이가 원소 종류의 수라고 생각하기 쉽다. 그것도 두 이론의 차이인 것은 맞지만 더 중요한 차이는 원소를 얼마든지 작게 나눌 수 있는 연속적인 물질로 보느냐 아니면 더 쪼갤 수 없는 알갱이로 이루어졌다고 보느냐 하는 것이다. 연속적인 물질이냐 아니면 더 쪼갤 수 없는 알갱이로 이루어졌느냐에 따라 화학반응이 일어나는 방법이 많이 달라지기 때문이다.

물질이 더 이상 쪼개지지 않는 원자로 이루어졌다는 돌턴의 원자론은 일정성분비의 법칙과 배수비례의 법칙을 설명하는 데는 성공적이었지만 하나의 분자 안에 어떤 원자가 몇 개 들어 있는지를 설명할 수는 없었다. 원자의 개수를 세는 방법을 알 수 없었기 때문이다. 돌턴이 쓴 『화학의 새로운 체계』에는 20가지 원소와 이

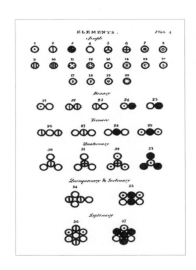

■ 『화학의 새로운 체계』에 실려 있는 원소표

원소들로 이루어진 화합물 17개가 포함된 표가 실려 있었다. 이 표에는 원소들이 기호로 표시되어 있고 이 기호들을 이용하여 화합물의 조성을 나타냈다. 그러나 이 표에 실려 있는 화합물의 조성은 오늘날 우리가 알고 있는 것들과는 다르다. 그것은 돌턴이 화합물의 분자식을 결정하는 방법을 모르고 있었다는 것을 나타낸다. 이 문제를 해결한 것이 바로 아보가드로의 가설이었다.

아보가드로의 가설

이탈리아의 화학자 아메데오 아보가드로는 1811년에 온도와 압력이 같을 때는 원자나 분자의 크기에 관계없이 같은 부피 안에 같은 수의 알갱이가 들어 있다고 주장했다. 이것은 상식적으로는 이해하기 어려운 일이었다. 같은 크기의 상자라면 커다란 배보다 작은 귤이 더 많이 들어 있다는 것이 우리의 상식이다. 그런데 아보가드로는 온도와 압력이 같다면 같은 부피 안에는 작은 원자나 큰 원자, 또는 여러 개의 원자들이 결합하여 만들어진 분자도 같은 수 들어 있다고 주장한 것이다.

아보가드로가 그런 주장을 한 것은 많은 실험결과를 바탕으로 한 것이었다. 화학자들은 수소와 산소가 결합하여 물을 만드는 경우 반응하는 수소와 산소의 부피비가 항상 2:1이라는 것을 알아냈다. 수소와 산소의 반응에서 뿐만 아니라 다른 많은 기체의 경우에도 반응하는 기체의 부피비가 간단한 정수비가 되었다. 왜 서로 반응하는 기체의 부피비가 항상 정수비가 될까?

아보가드로는 같은 부피 안에 같은 수의 원자나 분자가 들어 있다고 하면 화학반응을 하는 부피의 비가 정수비를 이루는 것을 설명할 수 있다고 생각했다. 같은 부피 안에 들어 있는 알갱이의 수가 같다면 부피의 비가 원자 수의 비와 같게 되어 정수비를 이뤄야 하기 때문이다. 그렇게 되면 부피의 비만 측정하면 원자 수의 비를 알 수 있어 분자식도 결정할 수 있을 것이었다. 그러나 화학자들은 같은 부피 안에 작은 원자나 큰 원자, 그리고 여러 개의 원자로 이루어진 분자도 같은 수가 들어 있다는 아보가드로의 가설을 받아들이려고 하지 않았다.

아보가드로의 가설을 받아들이려고 하지 않았던 것은 기체의 부피에 대한 오해 때문이었다. 고체나 액체의 경우에는 부피의 대부분이 원자나 분자가 실제로 차지하고 있는 부피이다. 따라서 같은 부피 안에는 작은 원자가 큰 원자보다 더 많은 수 들어 있다. 그러나 기체의 부피는 기체 알갱이들이 차지하고 있는 부피가 아니라 기체 분자가 운동하고 있는 공간의 부피이다.

실제로 기체 분자가 차지하고 있는 부피는 전체 부피에 비해 아주 작으므로 기체를 이루는 원자나 분자의 크기는 그다지 문제가 되지 않는다. 온도가 같으면 원자나 분자의 크기에 관계없이 한 알갱이가 가지고 있는 에너지가 같다. 따라서 작은 알갱이는 빠르게 움직이고, 큰 알갱이는 느리게 움직인다. 작은 알갱이가 벽에 부딪히면 작은

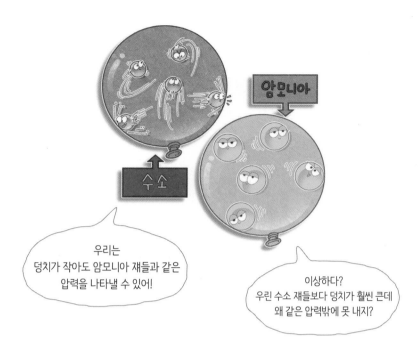

■ 아보가드로의 법칙 : 같은 온도, 같은 압력에서는 같은 부피 속에 같은 수의 원자나 분자가 들어 있다. 따라서 부피의 비가 원자 수의 비가 된다.

힘이 가해지지만 빠르게 움직이고 있어 더 자주 벽에 부딪히고, 큰 알갱이가 벽에 부딪히면 큰 힘이 가해지지만 천천히 움직이고 있어 드문드문 벽에 부딪힌다. 두 가지를 고려하면 큰 알갱이나 작은 알갱이 하나가 벽에 가하는 힘이 같게 된다.

따라서 벽 전체에 가해지는 압력이 같기 위해서는 벽에 부딪히는 알갱이의 수가 같아야 한다. 같은 온도, 같은 압력 하에서는 같은 부피 안에 입자의 크기에 관계없이 같은 수의 알갱이가 들어 있어야 하는 것은 이 때문이다. 그러나 19세기 초의 화학자들은 이런 내용을 모르고 있었기 때문에 아보가드로의 가설을 받아들일 수가 없었던 것이다.

2원자 분자의 문제

아보가드로의 가설을 받아들인다고 해도 또 한 가지 문제가 있었다. 그것은 수소 1부피와 염소 1부피가 결합하여 2부피의 염화 수소를 만드는 화학반응이었다. 아보가드로의 가설이 옳다면 수소 1부피와 염소 1부피가 결합하면 염화수소 1부피가 만들어져야 한다. 다시 말해 수소 원자 4개와 염소 원자 4개가 결합하면 4개의 염화수소 분자가 만들어져야 한다. 그러나 실제 화학반응에서는 수소 4부피와 염소 4부피가 결합하여 염화수소 8부피가 만들어졌다. 어떻게

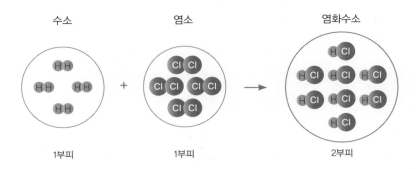

■ 기체 분자가 2개의 원자로 이루어졌다고 하면 이 반응을 쉽게 설명할 수 있다.

된 것일까?

이것을 설명하기 위해 아보가드로는 수소와 염소가 2개의 원자로 이루어진 2원자 분자이며 화학반응이 일어나고 있는 동안에 2개의 원자로 분리된다고 주장했다. 그러나 같은 원자끼리는 서로 밀어낸다고 믿고 있던 화학자들은 2원자 분자를 받아들이려고 하지 않았다.

공기 중에는 산소와 질소를 비롯해 많은 기체들이 포함되어 있다. 우리는 지금 이 기체들이 O_2, N_2, H_2와 같이 두 개의 원자가 모여 만들어진 2원자 분자라는 것을 알고 있다. 그러나 당시에는 원자가 모여 분자를 만드는 화학반응을 충분하게 이해하지 못하고 있었기 때문에 2원자 분자의 존재를 받아들일 수 없었던 것이다. 2원자 분자를 받아들이면 화학반응을 하는 동안 수소 분자가 2개의 수소 원자로 갈라지고, 염소 분자도 2개의 염소 원자로 갈라진 다음 2개의 염화수소 분자를 만든다고 설명하면 된다. 이때 수소와 염소의 부피비가 1:1이므로 염화수소 분자 안의 수소와 염소 원자 수의 비도 1:1이 되어 염화수소의 분자식은 HCl이 된다.

아보가드로의 가설과 2원자 분자의 존재를 받아들이지 않던 1860년까지는 원자론이 화학에서 그다지 중요한 역할을 하지 못했다. 그러나 1860년 독일 카를스루에에서 열렸던 국제화학회의에서 칸니차로가 아보가드로의 가설과 2원자 분자의 존재를 받아들이도록 화학자들을 설득하면서 화학계의 분위기가 달라졌다. 칸니차로의 권유를 받아들인 화학자들은 화학실험을 통해 간단한 분자부터 분자식을 하나하나 결정해 나갔고 이를 바탕으로 화학반응을 성공적으로 설명할 수 있었던 것이다. 그리고 모든 물질이 더 이상 쪼개지지 않는 원자로 이루어졌다는 원자론이 널리 받아들여지게 되었다.

그러나 정말로 원자는 더 이상 쪼개지지 않는 가장 작은 알갱이일까? 화학에서 원자론이 널리 받아들여지던 1860년대에 벌써 원소들이 고유한 빛을 낸다는 것과 원소들을 원자량 순서로 배열하면 주기율표가 만들어진다는 것을 연구하고 있던 과학자들 중에는 원자가 가장 작은 알갱이가 아닐 수도 있다고 생각을 하는 사람들이 나타나기 시작했다.

산소의 발견자는 누구일까?

화학의 역사에서 누가 산소를 발견했느냐 하는 것은 자주 거론되는 문제이다. 1773년에 영국의 조셉 프리스틀리는 산화수은을 가열할 때 나오는 기체를 모아서 여러 가지 실험을 했다. 이 기체 안에서는 양초가 잘 탔으며, 쥐의 운동이 활발해졌다. 프리스틀리가 발견한 기체는 산소였던 것이다. 그러나 그는 이 기체를 탈플로지스톤 기체라고 불렀다.

17세기의 화학자들은 연소와 산화를 플로지스톤설을 이용하여 설명했다. 나무를 태우면 재가 남는데 재의 무게는 나무의 무게보다 가볍다. 따라서 나무가 타는 것은 물질로부터 무엇인가가 빠져나가는 화학반응이라고 생각했다. 물질의 연소와 산화 과정을 관찰한 독일 화학자들은 연소와 산화는 물질 안에 잡혀 있던 플로지스톤이 달아나는 현상이라고 주장했다. 이것은 잘못된 설명이었지만 당시에는 널리 받아들여지고 있었다.

플로지스톤설을 믿고 있던 프리스틀리는 그가 발견한 기체 안에서 양초가 잘 타는 것을 보고 이 기체를 물질에서 플로지스톤을 빼앗는 기체라는 뜻으로 탈플로지스톤 기체라고 불렀다. 프리스틀리는 산소를 발견했지만 산소라고 부르지도 않았고, 산소가 하는 역할도 제대로 설명하지 못했다.

그러나 프리스틀리에게 탈플로지스톤 기체를 발견한 이야기를 들은 라부아지에는 여러 가지 실험을 해보고, 플로지스톤설이 옳지 않으며 연소는 물질이 산소와 결합하는 반응이라는 것을 밝혀냈다. 그리고 1781년에 프랑스 과학 아카데미에 제출한 보고서에서 탈플로지스톤 기체를 산소라고 불렀다. 1783년에는 물이 산소와 수소가 결합하여 만들어진 화합물이라는 것을 밝히기도 했다.

라부아지에는 1789년에 출판한 『화학원론』이라는 책에서 화학반응에 대한 중요한 두 가지 원칙을 제시했다. 하나는 연소와 산화는 물질과 산소가 결합하는 반응이라는 것이었고, 다른 하나는 화학반응 동안에는 질량이 보존된다는 것이었다. 이 두 가지 원리는 근대 화학 발전의 기초가 되었다. 라부아지에는 산소가 하는 작용을 밝혀내 잘못된 플로지스톤설을 폐기하고, 화학이 발전할 수 있는 발판을 마련했다.

이런 경우 산소를 처음 분리해낸 프리스틀리가 산소의 발견자일까, 아니면 산소가 하는 작용을 올바로 밝혀내고 산소라는 이름을 붙였을 뿐만 아니라 이를 통해 화학을 크게 발전시킨 라부아지에가 산소의 발견자일까? 이 문제는 쉽게 결론지을 수 있는 문제가 아니다. 따라서 오랫동안 많은 논란이 있었지만 아직도 심심치 않게 사람들 사이에서 이야기되고 있다. 만약 우리가 이 문제를 재판하는 재판관이라면 어떤 판결을 내릴 수 있을까?

프리스틀리

1773년에 화학실험을 통해 처음으로 산소를 발생시키고 그것을 모아 여러 가지 실험을 한 사람은 나입니다. 당시는 아직 플로지스톤설에서 벗어나지 못한 시기여서 이 기체를 탈플로지스톤 기체라고 부르기는 했지만 내가 밝혀낸 이 기체의 여러 가지 성질은 정확합니다. 내가 산소를 발견한 사람입니다.

프리스틀리 씨의 이야기를 듣고 산소에 대한 실험을 한 것은 맞습니다. 그러나 산소라는 이름을 붙이고, 연소와 산화가 모두 산소와의 결합이라는 것을 밝혀낸 것은 내가 한 일입니다. 프리스틀리 씨가 새로운 기체를 발견했다면 나는 산소를 발견한 것입니다.

라부아지에

🎲 2장 🎲

원자가 내는 빛
그리고 주기율표

분젠과 키르히호프, 그리고 마이어와 멘델레프

칸니차로의 노력으로 세상 만물이 더 이상 쪼갤 수 없는 가장 작은 알갱이인 원자들로 이루어져 있다는 원자론이 화학계에서 널리 받아들여지게 되었다. 화학자들은 원자론을 바탕으로 그동안 이해할 수 없었던 화학반응을 설명해냈고, 새로운 화학반응을 예측했으며, 실험을 통해 이를 확인했다. 따라서 많은 사람들이 원자는 더 쪼갤 수 없는 가장 알갱이라고 믿게 되었다. 정말 원자는 더 쪼갤 수 없는 가장 작은 알갱이일까?

그러나 원자가 가장 작은 알갱이라는 사실이 널리 받아들여지기 시작하던 시기에 행해진 전혀 관련이 없어 보이는 두 다른 연구는 원자도 복잡한 내부 구조를 가지고 있을지도 모른다는 것을 나타내고 있었다. 하나는 독일 하이델베르크 대학에서 로베르트 분젠과 구스타프 키르히호프가 했던 원소가 내는 스펙트럼에 대한 연구였고, 또 다른 연구는 독일의 율리우스 마이어와 러시아의 드미트리 멘델레프가 한 원소 주기율표에 대한 연구였다.

독일 괴팅겐대학에서 공부한 후 여러 대학에서 학생을 가르치던 분젠이 하이델베르크대학으로 온 것은 1852년이었다. 하이델베르크대학으로 온 분젠은 기체와 공기를 적절하게 혼합하여 그을음을 남기지 않으면서도 높은 온도의 불꽃을 만들어낼 수 있는 분젠 버너를 만들었다. 분젠은 전에 함께 연구한 적이 있는 키르히호프를 하이델베르크대학으로 초청하여 분젠 버너로 여러 가지 원소를 태울 때 나오는 빛에 대해 함께 연구하기 시작했다.

그들은 분젠 버너와 프리즘, 그리고 현미경으로 이루어진 분광기를 만들고 이를 이용하여 기체가 연소할 때 나오는 빛에 대해 연구했다. 그들은 모든 원소들이 고유한 스펙트럼을 낸다는 것을 알아내고, 원소들이 내는 스펙트럼의 목록을 만들었다. 크기와 무게만 다른 원자들이 어떻게 이런 복잡한 스펙트럼을 만들어낼 수 있을까? 이런 복잡한 스펙트럼을 내는 것은 원자가 복잡한 내부 구조를 가

분젠

우리는 지금까지 여러 가지 원소를 태울 때 나오는 빛을 조사했는데 원소에 따라 나오는 빛이 모두 다르다는 것을 알게 됐어. 원소에서 나오는 빛의 색깔이 왜 전부 다를까?

그러게 말이야. 무게와 크기만 다른 원자에서 어떻게 모두 다른 빛이 나올까? 원소에서 나오는 빛의 색깔이 다른 이유를 밝혀 내지 못하면 원자에 대해 알았다고 할 수 없을 거야.

키르히호프

지고 있음을 뜻하는 것은 아닐까?

　분젠과 키르히호프가 기체가 내는 빛을 연구하고 있는 동안 독일의 마이어와 러시아의 멘델레프는 원소들이 가지고 있는 규칙성을 찾아내는 연구를 하고 있었다. 그들은 원소들이 가지고 있는 화학적 성질의 규칙성을 나타내는 주기율표를 만들고 있었다. 하이델베르크대학에서 박사학위를 받은 마이어는 원소들을 원자량 순서대로 배열하면 화학적 성질과 물리적 성질이 비슷한 원소들이 주기적으로 반복되어 나타난다는 것을 알아내고, 1864년에 28개의 원소를 여섯 개 그룹으로 나누어 배열한 최초의 주기율표를 만들었다.

　한편 시베리아에서 대가족의 막내아들로 태어난 멘델레프는 상트페테르부르크로 이주하여 그곳에서 학교를 다니면서 원소의 성질에 대해 공부했다. 멘델레

원소를 원자량 순서로 배열하면
원자의 크기와 화학적 성질이 주기적으로 변해.
무게와 크기만 다른 원자들이 이런 규칙적인 성질을
가지는 것은 무엇 때문일까?

마이어

그러게 말이야.
원소들이 이렇게 규칙적인 성질을 가지는 것을 보면
원자의 세계는 생각보다 복잡한 것 같아.
원자가 정말 더 쪼개지지 않는 가장 작은
알갱이일까?

멘델레프

양자역학은 처음이지?

프가 공부하던 1863년경에는 56가지 원소가 발견되어 있었으며 매년 한 개 이상의 새로운 원소가 발견되고 있었다. 멘델레프는 1869년에 그때까지 발견된 원소들을 포함하는 좀 더 발전된 주기율표를 만들었다. 마이어와 멘델레프가 만든 주기율표는 요즘 화학 실험실 벽에 걸려 있거나 대부분의 화학 교과서에 실려 있는 주기율표의 초기 형태였다.

이제 화학자들과 물리학자들의 가장 중요한 목표는 원소가 여러 가지 다른 색깔의 빛을 내는 것과 원소를 원자량 순서로 배열하면 화학적 성질이 비슷한 원소가 주기적으로 반복되어 나타나는 이유를 설명하는 것이 되었다. 이것을 설명하지 못하면 원자에 대해 알았다고 할 수 없기 때문이었다. 그러나 그것은 생각보다 훨씬 어려운 일이었다. 원소가 내는 빛과 주기율표를 완전히 설명한 새로운 이론이 바로 양자역학이다.

그렇다면 원소가 내는 빛과 주기율표는 어떻게 양자역학의 출발점이 되었을까? 그리고 분젠과 키르히호프, 마이어와 멘델레프의 연구는 그 이후의 원자에 대한 연구에 어떤 영향을 주었을까?

원소가 내는 빛

∞ 햇빛을 프리즘에 통과시키면 무지개 색깔로 분산된다. 프리즘처럼 빛을 여러 가지 파장의 빛으로 분산하는 장치를 분광기라고 한다. 프리즘은 가장 간단한 분광기이다. 우리는 무지개가 일곱 가지 색깔로 이루어져 있다고 알고 있다. 그러나 무지개는 연속적으로 변하는 무수히 많은 색깔의 빛으로 이루어져 있다. 무지개를 몇 가지 색깔로 나누느냐 하는 것은 문화 전통과 개인의 시각에 따라 달라진다. 우리나라에서는 무지개를 일곱 가지 색깔로 나누지만 어떤 나라에서는 다섯 가지 색깔로 나누기도 한다.

우리가 빛이라고 부르는 것은 일정한 파장 범위 내에 있는 전자기파를 말한다. 우리 눈은 모든 파장의 전자기파를 감지하지 못하고 파장이 일정한 범위 안에 있는 전자기파만을 감지할 수 있다. 우리 눈으로 볼 수 있는 빛을 가시광선이라고 부른다. 전자기파를 파장이 짧은 것부터 차례로 나열하면 감마선, 엑스선, 자외선, 가시광선, 적외선, 전파의 순서이다.

파장이 짧은 전자기파는 큰 에너지를 가지고 있고, 파장이 긴 전자기파는 작은 에너지를 가지고 있다. 파장이 짧은 엑스선이나 감마선이 위험한 것은 이들이 큰 에너지를 가지고 있기 때문이다. 가시광선 중에서는 보라색 빛의 파장이 가장 짧고, 붉은색 빛의 파장이 가장 길다.

무지개처럼 모든 파장의 빛이 연속적으로 분포하는 것을 연속 스

■ 전자기파 중에서 우리 눈으로 볼 수 있는 전자기파를 가시광선이라고 부른다.

펙트럼이라고 부른다. 온도가 높은 물체는 연속 스펙트럼을 낸다. 분젠과 키르히호프는 분젠 버너를 이용하여 여러 가지 원소로 이루어진 기체를 태우면서 어떤 색깔의 빛이 나오는지 조사했다. 그랬더니 한 가지 원소로 이루어진 기체는 몇 개의 선으로 이루어진 빛을 내는 것을 발견했다. 다시 말해 모든 파장의 빛을 내는 것이 아니라 몇 가지 파장의 빛만을 내고 있었다. 이렇게 몇 가지 파장의 빛만으로 이루어진 것을 선스펙트럼이라고 한다.

그런데 원소의 종류에 따라 태울 때 나오는 선스펙트럼의 모양이 달랐다. 분젠과 키르히호프는 알려진 모든 원소가 내는 선스펙트럼

연속 스펙트럼

수소

헬륨

아르곤

질소

네온

수은

일산화탄소

■ 여러 가지 원소가 내는 고유 스펙트럼

을 조사하고 목록을 만들었다. 이렇게 만들어진 목록은 새로운 원소를 찾아내는 데 사용할 수 있었다.

분젠과 키르히호프는 1860년 샘물에서 추출한 화합물을 분젠 버너를 이용하여 태울 때 이전에 볼 수 없었던 새로운 스펙트럼이 나오는 것을 발견하고 이 화합물에 새로운 원소가 포함되어 있다는 것을 알아냈다. 그들은 이 새로운 원소를 세슘이라고 이름 지었다. 두 사람은 세슘을 발견하고 1년도 채 안 되어 루비듐도 발견했다. 다른 과학자들도 분젠과 키르히호프가 발견한 원소의 스펙트럼을 이용하여 여러 가지 새로운 원소들을 발견했다.

원소가 내는 스펙트럼이 원소마다 다르다는 것을 알기 이전에는 주로 화학반응이나 전기 분해법을 이용하여 새로운 원소를 찾아냈다. 그러나 분젠과 키르히호프가 원소 스펙트럼을 발견한 후인 1800년대 후반에 발견된 원소들은 대부분 원소가 내는 스펙트럼을 조사하는 분광법을 이용하여 발견되었다. 1861년에 발견된 탈륨, 1863년에 발견된 인듐, 1875년에 발견된 갈륨, 1879년에 발견된 스칸듐, 그리고 1886년에 발견된 게르마늄이 모두 원소가 내는 스펙트럼을

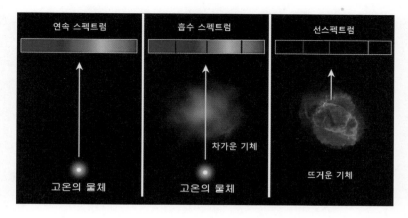

| 연속 스펙트럼 | 흡수 스펙트럼 | 선스펙트럼 |

차가운 기체

고온의 물체 | 고온의 물체 | 뜨거운 기체

■ 온도가 높은 물체에서 나오는 빛은 연속 스펙트럼이지만 온도가 높은 한 가지 원소로 이루어진 기체에서 나오는 빛은 선스펙트럼이다. 온도가 낮은 기체는 고온에서 내는 파장의 빛을 흡수하여 흡수 스펙트럼을 만든다.

조사하여 발견된 원소들이다.

분젠과 키르히호프는 연속 스펙트럼이 온도가 낮은 기체를 통과하면 일부 스펙트럼이 흡수되어 검은 선으로 보이는 것을 발견하고 이것을 흡수 스펙트럼이라고 했다. 온도가 낮은 기체를 통과시켰을 때 나타나는 흡수 스펙트럼의 모양은 높은 온도에서 내는 선스펙트럼의 모습과 같았다. 이것은 온도가 낮은 기체는 높은 온도에서 내는 빛과 같은 파장의 빛을 흡수한다는 것을 의미했다.

독일의 물리학자 조세프 폰 프라운호퍼는 1814년에 태양 빛에 574개의 검은 선이 포함되어 있는 것을 발견했다. 분젠과 키르히호프는 이 검은 선들이 태양 빛이 태양을 둘러싼 대기를 통과할 때 특정한 파장의 빛이 흡수되어 만들어진 흡수 스펙트럼이라는 것을 밝혀내고 이를 이용해 태양 대기가 무슨 원소로 이루어졌는지를 알아냈다. 태양의 흡수 스펙트럼을 프라운호퍼선이라고 부른다.

그렇다면 왜 원소들은 특정한 선스펙트럼만 내는 것일까? 돌턴의 원자론에 의하면 원자는 더 이상 쪼개지지 않는 가장 작은 알갱이다. 원소의 종류가 다른 것은 원자의 무게와 크기가 다르기 때문이다. 원소들이 모두 다른 스펙트럼을 내는 것을 무게와 크기만을 가지고 설명할 수 있을까? 원자는 무게와 크기 외에도 특정한 빛을 내도록 하는 복잡한 구조를 가지고 있는 것은 아닐까?

원소가 내는 선스펙트럼에는 원자에 대한 비밀이 숨어 있는 것이 틀림없었다. 어쩌면 원자가 내는 스펙트럼은 원자의 내부를 들여다볼 수 있는 창이 되는지도 몰랐다. 원자가 어떻게 특정한 선스펙트럼을 내는지를 설명하는 것은 이제 원자를 연구하는 물리학자나 화학자들이 해결해야 할 가장 큰 숙제가 되었다.

발머와 수소 스펙트럼

∞ 스위스의 수학자이며 물리학자였던 요한 발머는 수소가 내는 스펙트럼에 숨어 있을지도 모르는 원자의 비밀을 풀어내려고 시도했다. 스위스의 바젤대학에서 박사학위를 받은 후 바젤에 있는 여학교에서 교사로 지내면서 바젤대학에서 강의를 하기도 했던 발머는 고온의 수소 기체가 내는 네 가지 선스펙트럼에 큰 흥미를 가지

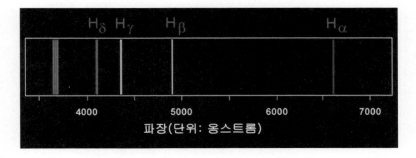

H_δ H_γ H_β H_α

4000   5000   6000   7000

파장(단위: 옹스트롬)

■ 발머가 관심을 가졌던 네 개의 수소 선스펙트럼

게 되었다.

고온의 수소 기체가 내는 선스펙트럼의 파장은 각각 4101.2옹스트롬(Å)(H_δ), 4340.1옹스트롬(H_γ), 4860.74옹스트롬(H_β), 6562.1옹스트롬(H_α)이었다. 옹스트롬(Å)은 1억분의 1센티미터를 나타내는 길이의 단위로 원자보다 작은 크기를 다룰 때 자주 사용하는 단위이다. 이 선스펙트럼은 각각 H_α, H_β, H_γ, H_δ 라는 기호를 이용하여 나타낸다. H는 수소를 나타내고, 알파(α), 베타(β), 감마(γ), 델타(δ)는 밝기의 순서를 나타낸다. 알파선이 가장 밝고 델타선이 가장 어둡다.

발머는 수소 스펙트럼의 파장을 나타내는 이 숫자들에 원자의 비밀이 들어 있을 것이라고 생각하고 이 숫자들을 정수들의 조합으로 나타내보려고 시도했다. 소수점 아래 두 자리까지 나타나 있는 네 개의 큰 수에서 규칙을 발견하는 것은 쉬운 일이 아니었다. 그러나 그는 수많은 계산 끝에 스펙트럼의 파장을 3645.6Å이라는 숫자로 나누면 그 몫이 정수로 나타낼 수 있는 분수가 된다는 것을 알아내고,

수소 스펙트럼의 파장을 다음과 같은 식으로 나타냈다.

$$6562.1 = \frac{9}{5} \times 3645.6 \qquad 4860.74 = \frac{16}{12} \times 3645.6$$

$$4340.1 = \frac{25}{21} \times 3645.6 \qquad 4101.2 = \frac{36}{32} \times 3645.6$$

발머는 어떤 규칙이나 물리 법칙을 바탕으로 이런 식을 발견한 것이 아니라 수많은 시행착오를 통해 이 식을 알아냈다. 발머는 여기서 그치지 않고 이 식을 다음과 같이 더 간단한 정수들의 조합으로 나타내 보았다.

$$6562.1 = \frac{3^2 2^2}{3^2 - 2^2} \times 911.4 \qquad 4860.74 = \frac{4^2 2^2}{4^2 - 2^2} \times 911.4$$

$$4340.1 = \frac{5^2 2^2}{5^2 - 2^2} \times 911.4 \qquad 4101.2 = \frac{6^2 2^2}{6^2 - 2^2} \times 911.4$$

이 식들을 이용하여 발머는 수소가 내는 선스펙트럼의 파장을 다음과 같이 하나의 식으로 나타낼 수 있었다.

$$\lambda_n = \frac{n^2 m^2}{n^2 - m^2} b \qquad (n = 3, 4, 5, 6 \quad m = 2, \quad b = 911.4\text{Å})$$

그런데 파동이 한 번 진동할 때마다 얼마나 진행하는지를 나타내는 파장(λ)과 1초에 몇 번 진동하는지를 나타내는 진동수(f)를 곱하면 1초에 파동이 얼마나 진행하는지를 나타내는 속력이 된다. 빛의 속력을 c라고 하면 $f\lambda = c$가 된다. 따라서 $f = c/\lambda$이다. 이런 관계를 이용하면 발머가 구해낸 식을 다음과 같이 고쳐 쓸 수 있다.

$$f = \frac{c}{b}\left(\frac{1}{m^2} - \frac{1}{n^2}\right) = \frac{Rc}{m^2} - \frac{Rc}{n^2} \quad (R = \frac{1}{b},\ m = 3, 4, 5, 6\ \ n = 2)$$

발머는 수소 원자가 내는 스펙트럼의 파장을 정수의 조합으로 나타내면 수소 원자에 관한 비밀을 알 수 있을지도 모른다는 생각에 이런 복잡한 계산들을 해보았지만 이 식들에서 어떤 특별한 과학적 의미를 찾아낼 수는 없었다. 다시 말해 수소가 내는 선스펙트럼이 이런 식으로 나타나는 이유를 설명할 수는 없었던 것이다. 측정된 양들을 간단한 정수들의 조합으로 나타내는 것은 당시 많은 과학자들이 자연을 연구하던 방법이었다. 발머는 자신이 발견한 식이 가지고 있는 의미를 알아내지 못했지만 이 식은 후에 양자역학이 발전하는 과정에서 중요한 역할을 했다.

나는 수소를 태울 때 나오는 네 가지 색깔의 빛에 수소 원자의 비밀이 숨어있을 것이라고 생각하고, 네 가지 빛의 파장에서 규칙성을 찾아내기로 마음먹었어요. 이 네 가지 파장을 가지고 수천 번도 더 계산을 했을 거예요. 좀 무식한 연구 방법이었지만 이런 계산을 통해 몇 가지 정수로 이루어진 식을 찾아냈어요. 나는 이 식이 가지고 있는 의미는 알아내지 못했지만 언젠가는 이 식이 중요하게 사용될 것이라고 생각했어요.

발머

주기율표의 발견

∞ 자연과학을 연구하는 과학자들은 자연 현상에 포함되어 있는 규칙성을 중요하게 생각한다. 따라서 많은 원소들이 발견되고 이들의 화학적 성질이 밝혀지면서 원소가 가진 규칙성을 찾으려는 노력이 시작된 것은 어쩌면 당연한 일이었다. 이러한 노력은 19세기 초반부터 시작되었다. 실험에 의해 결정되어 있던 많은 원소들의 원자량과 원자가를 이용하여 서로 관련이 있는 원소들을 여러 개의 그룹으로 분류하려는 노력이 프랑스, 영국, 독일의 많은 과학자들에 의하여 시도되었다.

원소들이 가지는 규칙성을 발견하려는 노력들을 종합한 독일의 마이어는 원소들을 원자량 순서로 배열하면 화학적 성질과 물리적 성질이 비슷한 원소들이 주기적으로 반복되어 나타난다는 것을 알아냈다. 그리고 세로축을 원자량으로 하고 가로축을 원자의 부피로 하여 그래프를 그리면 부피가 규칙적으로 증가하다 감소하는 일이 반복된다는 것도 알아냈다. 그러나 그는 원자량을 정확하게 측정하지는 못해 원소의 순서를 정하는 데 어려움을 겪었다.

마이어가 만든 주기율표에 대해 알지 못하고 독자적으로 주기율표를 만드는 연구를 하고 있던 멘델레프는 1869년 3월 6일에 러시아 화학협회에서 『원소의 원자량과 성질 사이의 관계』라는 제목의 논문을 발표했다. 이 논문에는 다음과 같은 내용이 포함되어 있었다.

1. 원소를 원자량 순서대로 배열하면 같은 화학적 성질을 가지는 원소가 주기적으로 반복해서 나타난다.

2. 원소들을 원자량의 순서대로 배열하고 족으로 나누면 같은 족에 속하는 원소들의 화학적 성질은 비슷하다.

3. 아직 발견되지 않은 여러 가지 원소가 새롭게 발견될 것을 기대할 수 있다. 예를 들면 알루미늄과 규소와 비슷한 성질을 가지고 있는 원자량이 각각 65와 75인 두 원소가 곧 발견될 것을 기대한다.

멘델레프는 알려진 모든 원소를 주기율표에 포함시켰다. 이 주기율표에는 아직 발견되지 못한 원소들이 들어갈 빈자리가 남아 있었다. 멘델레프는 아직 발견되지 않은 원소들을 에카실리콘(게르마늄), 에카알루미늄(갈륨), 에카보론(스칸듐)이라고 불렀다. '에카'는 고대 인도어인 산스크리트어로 두 번째라는 뜻이다.

멘델레프가 주기율표를 이용하여 예측했던 갈륨은 1871년에 발견되었고, 스칸듐은 1879년에 발견되었으며, 게르마늄은 1886년에 발견되었다. 멘델레프가 처음 주기율표를 발표했을 때 많은 과학자들은 멘델레프의 주기율표가 가지고 있는 중요성을 알아차리지 못했다. 그러나 멘델레프가 주기율표를 이용하여 예측했던 원소들이 실험을 통해 실제로 발견되고, 이들의 성질이 멘델레프의 예측과 같다는 것을 알게 된 후에는 주기율표의 중요성을 인정하게 되었다.

멘델레프가 1869년에 주기율표를 발표하고 몇 달 후에 마이어도 독자적으로 1864년에 발표했던 주기율표를 확장하여 멘델레프의 주기율표와 거의 같은 주기율표를 만들었다. 마이어와 멘델레프는 주기율표를 발견한 공로로 1882년에 영국왕립협회로부터 데이비 메달을 받았다. 주기율표는 원자에 대한 모든 정보가 들어 있는 표이 다. 따라서 주기율표는 원자에 대한 지식을 바탕으로 하고 있는 현대 과학의 기초가 된다고 할 수 있다.

원소가 내는 스펙트럼과 원소의 규칙성을 나타내는 주기율표가 발견되었지만 아직도 원자는 더 이상 쪼갤 수 없는 가장 작은 알갱 이라고 생각하고 있었다. 그러나 무게와 부피만 다른 원자로는 복잡 한 원소 스펙트럼과 주기율표를 설명할 수 없었다. 원소들이 내는 스 펙트럼과 주기율표에 나타난 원소들의 규칙성은 원자의 세계가 생각 보다 복잡하다는 것을 암시하고 있었다. 원자도 더 쪼개질 수 있다는

Reihen	Gruppo I. — R'O	Gruppo II. — RO	Gruppo III. — R'O'	Gruppo IV. RH' RO'	Gruppo V. RH' R'O'	Gruppo VI. RH' RO'	Gruppo VII. RH R'O'	Gruppo VIII. — RO'
1	H=1							
2	Li=7	Be=9,4	B=11	C=12	N=14	O=16	F=19	
3	Na=23	Mg=24	Al=27,3	Si=28	P=31	S=32	Cl=35,5	
4	K=39	Ca=40	—=44	Ti=48	V=51	Cr=52	Mn=55	Fe=56, Co=59, Ni=59, Cu=63.
5	(Cu=63)	Zn=65	—=68	—=72	As=75	Se=78	Br=80	
6	Rb=85	Sr=87	?Yt=88	Zr=90	Nb=94	Mo=96	—=100	Ru=104, Rh=104, Pd=106, Ag=108.
7	(Ag=108)	Cd=112	In=113	Sn=118	Sb=122	Te=125	J=127	
8	Cs=133	Ba=137	?Di=138	?Ce=140	—	—	—	
9	(—)	—	—	—				
10	—	—	?Er=178	?La=180	Ta=182	W=184	—	Os=195, Ir=197, Pt=198, Au=199.
11	(Au=199)	Hg=200	Tl=204	Pb=207	Bi=208			
12	—	—		Th=231	—	U=240	—	— — — —

■ 멘델레프가 만든 주기율표

사실이 밝혀진 것은 19세기 말에 원자에서 나오는 엑스선과 방사선, 그리고 전자가 발견된 후의 일이었다.

지구에서보다 태양에서 먼저 발견된 헬륨

분광법은 지구상에서 뿐만 아니라 태양에 포함되어 있는 원소를 발견하는 데도 사용되었다. 1868년에 프랑스 물리학자 피에르 얀센과 영국 천문학자 조셉 로키어가 태양 스펙트럼에서 이전에 알지 못하던 새로운 스펙트럼을 발견했다. 그들은 이 원소를 그리스어의 태양을 뜻하는 헬리오스(helios)에서 따서 헬륨이라고 불렀다. 일부 과학자들은 지구에 없는 원소를 태양에서 발견했다는 것을 믿을 수 없다고 생각했다.

그러나 1895년에 스코틀랜드의 화학자 윌리엄 램지가 우라늄 광석을 산에 섞었을 때 나오는 기체 중에 헬륨이 포함되어 있다는 것을 알아내고 기체의 일부를 로키어에게 보냈다. 로키어는 이 기체에서 거의 30년 전에 태양 스펙트럼에서 처음 발견했던 스펙트럼을 다시 확인하고 매우 기뻐했다. 이렇게 해서 지구에서도 헬륨이 발견되었다.

헬륨이 발견된 후 20년 동안에는 공기 중에 포함되어 있는 적은 양의 헬륨

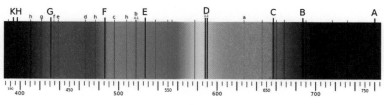

■ 태양 스펙트럼에 나타난 검은 선들은 태양 대기나 지구 대기에 의해 흡수된 파장을 나타낸다. 각각의 선들이 어떤 원소에 의해 흡수되어 만들어졌는지를 조사한 과학자들은 태양 대기에 그때까지 알려지지 않은 새로운 원소가 포함되어 있다는 것을 알아내고 이 원소를 헬륨이라고 불렀다.

을 분리해서 사용했으므로 헬륨은 매우 비싼 기체였다. 과학자들은 지구에 헬륨이 아주 소량만 존재한다고 생각했다. 그러나 1905년에 미국 캔자스 주의 덱스터 마을에서 새로 발견된 천연가스 유정에서 나오는 기체에 상당한 양의 헬륨이 포함되어 있다는 것을 알게 되었다. 천연가스에 헬륨이 포함되어 있다는 것이 알려지면서 헬륨의 가격이 크게 떨어져 다양한 용도로 사용할 수 있게 되었다.

요즈음에는 헬륨이 주로 천연가스를 생산할 때 부산물로 얻어진다. 천연가스에서 분리해낸 기체 중 일부가 헬륨이다. 헬륨은 지구를 이루고 있는 물질에 포함된 방사성 원소가 붕괴하면서 계속적으로 만들어진다.

헬륨은 다른 원소와 화학반응을 하지 않는 불활성 기체이며 수소 다음으로 가벼운 기체여서 비행선이나 풍선에 널리 사용된다. 헬륨 기체를 들이마시면 어른들의 목소리도 아이들의 목소리처럼 변하기 때문에 헬륨은 놀이용으로도 사용된다. 그러나 헬륨을 마신다고 사람의 성대가 내는 소리가 변하는 것은 아니다. 사람의 성대는 공기 속에서나 헬륨 속에서 똑같은 진동수의 목소리를 낸다.

그러나 가벼운 헬륨 안에서는 소리의 속력이 빨라지기 때문에 소리의 진동수가 증가하는 효과를 나타낸다. 헬륨은 독성이 없기 때문에 목소리가 변하는 것을 보기 위해 한 모금 정도 마시는 것은 건강에 해롭지 않다. 그러나 헬륨을 많이 마시면 허파가 헬륨으로 가득 차서 산소가 공급되지 않으므로 질식사할 수도 있다.

지구에는 헬륨이 소량만 존재하는 것과는 달리 우주에는 헬륨이 수소 다음으로 많이 존재한다. 우주에 존재하는 모든 원소의 약 90%는 수소이고, 약 10%는 헬륨이며, 나머지 원소들은 다 합해도 1%가 안 된다. 따라서 우리가 밤하늘에서 볼 수 있는 별들은 대부분 수소와 헬륨으로 이루어져 있다. 우주에는 가장 흔한 수소와 헬륨이지만 지구의 대기에는 많이 포함되어 있지 않은 이유는 지구의 중력이 약해 가벼운 이 기체들을 잡아둘 수 없기 때문이다.

Quantum Mechanics

 3장

원자도 쪼개진다

원자에서 방사선이 나온다

1896년 초 유럽은 지난 해 말에 있었던 엑스선 발견 소식으로 떠들썩했다. 두꺼운 종이도 마음대로 통과할 수 있고, 몸 안에 있는 뼈도 볼 수 있는 엑스선의 발견은 과학계뿐만 아니라 일반 사람들에게도 커다란 뉴스거리였다. 의학계에서는 엑스선을 질병 진단에 사용하는 방법을 찾기 시작했고, 의류업계에서는 엑스선이 통과할 수 없는 옷을 발명하겠다고 나서는 사람들도 있었다.

이런 가운데 프랑스의 앙투안 베크렐은 1896년 초부터 우라늄에서 나올지도 모르는 엑스선을 찾아내기 위한 실험을 시작했다. 할아버지와 아버지가 모두 과학자였던 과학자 집안에서 태어난 베크렐은 인광에 관심이 많았다. 물체에 빛을 쪼여주었을 때 쪼여준 빛보다 파장이 긴 빛이 나오는 것을 형광이라고 하고, 빛을 쪼여준 후 빛을 제거해도 한 동안 빛을 내는 것을 인광이라고 한다.

낮에 햇빛을 받았다가 밤에 빛을 내는 야광 교통 표지판이나 야광 시계는 모두 인광을 이용한 것이다. 이것을 인광이라고 부르는 것은 인에서 이런 현상이 처

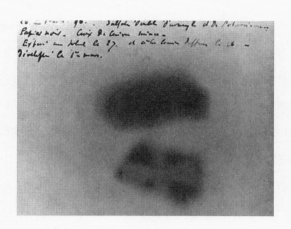

■ 우라늄 화합물에서 방사선이 나온다는 것을 보여주기 위한 베크렐
의 실험결과

음 관측되었기 때문이다. 뢴트겐의 엑스선 발견 소식을 전해들은 베크렐은 인광을 내는 우라늄 화합물에 태양빛을 쪼였을 때도 투과성이 강한 엑스선이 나오는지 알아보기로 했다.

베크렐의 초기 실험결과는 우라늄 화합물에서도 엑스선이 나온다는 것을 보여주는 것 같았다. 베크렐은 사진 필름을 빛이 들어가지 못하도록 두꺼운 종이로 싼 다음 그 위에 우라늄 화합물을 올려놓고 태양빛을 쪼여주었다. 사진 필름과 우라늄 화합물 사이에 동전이나 금속 조각을 놓아 보기도 했다. 그런 후에 두꺼운 종이로 싸여 있던 감광지를 현상하자 물체의 형상이 나타났고, 금속 조각의 모양도 나타났다. 빛을 쪼인 우라늄에서 두꺼운 종이를 통과하는 엑스선이 나오는 것이 틀림없다고 생각한 베크렐은 이 실험결과를 1896년 2월 24일에 프랑스 과학아카데미에서 발표했다.

베크렐은 이 현상을 더 자세하게 관측하기 위해 좀 더 많은 실험을 해보기로 했지만 날씨가 좋지 않아 실험을 미뤘다. 그는 두꺼운 종이에 싼 필름을 우라늄 화합물과 함께 어두운 서랍 안에 넣어 두었다. 며칠을 기다려도 날씨가 좋아지지 않자 그대로 필름을 현상해 보기로 했다. 그는 빛을 제대로 쪼여주지 않았으므로 매우 흐릿한 영상이 나타날 것이라고 생각했다.

그러나 예상했던 것과 달리 필름에는 선명한 영상이 나타나 있었다. 그것은 우라늄 화합물에서는 외부에서 빛을 쪼여주지 않아도 물체를 잘 통과하는 엑스선과 비슷한 복사선이 나온다는 것을 뜻했다. 베크렐은 이 실험결과를 1896년 3월 2일에 발표했다. 우라늄을 이용하여 여러 가지 실험을 한 베크렐은 물체를 잘 통과하는 복사선이 우라늄 원소에서 나온다고 결론지었다.

뢴트겐이 발견한 엑스선에만 주목하고 있던 과학계에서는 베크렐의 발견을 그다지 심각하게 받아들이지 않았다. 그러나 폴란드에서 파리로 유학을 와서 박사학위 연구 과제를 찾고 있던 마리 퀴리가 베크렐이 발견한 방사선에 관심을 가지게 되었다. 마리 퀴리와 그녀의 연구에 합세한 남편 피에르 퀴리가 방사선을 내는 새로운 원소인 라듐과 폴로늄을 발견한 후에야 많은 사람들이 방사선에 관심

베크렐

> 나는 처음에 우라늄에 빛을 쪼여주었을 때 나오는 복사선이 엑스선인 줄 알았어요! 하지만 이 복사선은 빛을 쪼여주지 않아도 나온다는 것을 알게 되었어요. 우라늄 원자에서 눈에 보이지 않는 복사선이 나오고 있었던 것이지요.
>
> 복사선이 두꺼운 종이를 통과할 수 있을 정도로 투과력이 강했지만 엑스선과는 다른 복사선이 틀림없었어요. 더 이상 쪼개지지 않는 알갱이인 원자에서 복사선이 나온다는 게 믿어지나요? 원자는 우리가 생각하는 것과는 전혀 다른 것일지도 몰라요.

을 가지게 되었다.

베크렐과 퀴리 부부의 연구로 원자도 더 쪼갤 수 없는 가장 작은 알갱이가 아니라 복잡한 내부 구조를 가지고 있다는 직접적인 증거인 방사선에 대해 많은 것을 알게 되었다. 따라서 과학자들이 원자의 내부 구조에 대한 연구를 본격적으로 시작하게 되었고, 그것은 양자역학의 시대가 시작되고 있다는 것을 의미했다.

그렇다면 방사선은 무엇이며 엑스선과 어떻게 다를까? 그리고 방사선이 어떻게 원자가 더 쪼개질 수 있다는 확실한 증거가 될 수 있었을까?

음극선관과 음극선

∞ 양자역학의 발전 과정에서 중요한 역할을 한 엑스선과 전자의 발견은 음극선관을 이용한 실험을 통해 이루어졌다. 음극선관을 처음 만든 사람은 전자기 유도법칙을 발견한 영국의 마이클 패러데이라고 알려져 있다. 패러데이는 유리관의 양끝에 전극을 부착하고 전류를 통하면 음극에서 무엇인가가 나와 양극으로 흘러간다는 것을 발견하고 이것을 음극선이라고 불렀다.

그런데 음극선은 공기의 방해를 받으면 잘 흐르지 못했다. 그래서 유리관 안을 진공으로 만들고 양끝에 전극을 연결한 것이 음극선관이다. 진공기술이 좋지 않았던 초기의 음극선관은 성능이 좋지 않았다. 그러나 독일의 유리 기구 제작자이며 엔지니어였던 요한 가이슬러가 1859년에 진공도를 높인 가이슬러관을 만들었고, 1870년대에는 영국의 물리학자 윌리엄 크룩스가 음극선에 대한 여러 가지 실험을 할 수 있는 크룩스관을 만들었다. 많은 학자들이 음극선의 성질을 밝혀내기 위한 실험에 크룩스관을 이용했다.

그 후 많은 사람들이 다양한 용도로 사용되는 여러 가지 형태의 음극선관을 개발하여 실험 용도로 사용했을 뿐만 아니라 텔레비전의 브라운관으로도 사용했다. 오늘날까지도 널리 사용하고 있는 형광등도 음극선관의 일종이다.

음극선은 눈에 보이지 않는다. 그러나 음극선이 도달하는 부분에 형광 물질을 바른 스크린을 놓아두면 음극선이 충돌할 때마다 빛을 내기 때문에 음극선이 어디에 충돌하는지 알 수 있다. 그리고 음극선관 안에 음극선의 흐름을 방해하지 않을 정도로 약간의 기체를 넣어주면 음극선이 지나가면서 기체와 충돌해 빛을 낸다. 이때 나오는 빛은 기체의 종류에 따라 달라진다. 질소는 노란색, 산소와 네온은 주황색, 이산화탄소는 흰색, 수은은 청

■ 크룩스관

록색, 헬륨은 붉은색의 빛을 낸다. 여러 가지 색깔을 내는 이런 음극선관들은 간판이나 홍보용 네온사인에 사용된다.

엑스선의 발견

∞ 독일에서 태어나 네덜란드와 스위스에서 공부하고, 독일 뷔르츠부르크대학의 물리학 교수로 있던 빌헬름 뢴트겐은 1895년 가을에 음극선의 성질을 알아내기 위한 실험을 했다. 뢴트겐은 얇은 알루미늄으로 만든 창문이 달린 크룩스관을 가지고 실험을 하고 있었다. 그는 공기는 통과할 수 없지만 음극선은 통과할 수 있는 창문을 통해 음극선을 밖으로 꺼내 여러 가지 실험을 했다. 뢴트겐은 창문 가까이에 형광물질을 바른 스크린을 놓아두고 창을 통과한 음극선이

만들어내는 형광을 조사하고 있었다.

뢴트겐은 알루미늄 창을 보호하기 위해 빛을 차단할 수 있는 두꺼운 종이로 음극선관을 씌워도 창 가까이 놓아둔 형광 스크린에 형광이 발생하는 것을 관찰했다. 1895년 11월 8일 뢴트겐은 두꺼운 종이가 빛을 확실히 차단하는지를 알아보기 위해 방에 불을 끄고 확인했다. 그러자 음극선관에서 1m 이상 떨어진 곳에 놓아두었던 형광판에서도 희미하게 빛이 나오는 것이 보였다.

그동안의 실험을 통해 음극선은 공기 중에서 그렇게 멀리까지 갈 수 없다는 것을 잘 알고 있었으므로 이것은 음극선이 만든 빛이 아니었다. 따라서 음극선관에서는 음극선 외에 다른 복사선이 나오고 있는 것이 확실했다. 그는 며칠 동안 이 실험을 반복하고 자신이 새로운 복사선을 발견했음을 알게 되었다.

그 뒤 몇 주 동안 실험실에서 먹고 자면서 이 복사선의 성질을 알아내기 위한 실험을 한 뢴트겐은 정체를 알 수 없는 이 복사선을 수학에서 미지수를 나타내는 데 사용하는 알파벳 x를 따라 엑스선이라고 불렀다. 뢴트겐은 물체를 잘 투과하는 엑스선을 이용하여 자신의 아내 안나의 손 사진을 찍기도 했다. 손가락뼈와 반지가 선명하게 나타난 이 사진은 최초의 엑스선 사진이었다.

뢴트겐은 실험결과를 정리한 『새로운 종류의 복사선에 대하여』라는 제목의 논문을 1895년 12월 28일에 뷔르츠부르크 물리의학 학회지에 제출했다. 엑스선 발견 소식은 빠르게 과학자들에게 알려졌고, 곧 많은 신문에 보도되었다. 의학계에서는 엑스선의 의학적 중요성을 재빨리 알아차리고 질병 진단에 엑스선을 사용하는 방법을 찾기 시작했다.

뢴트겐의 엑스선 발견은 물리학계와 의학계뿐만 아니라 일반인들 사이에서도 크게 화젯거리가 되어 뢴트겐은 곧 유명 인사가 되었다. 1월 9일에는 독일 황제였던 빌헬름 2세로부터 엑스선 발견을 축하하는 축전을 받기도 했다. 엑스선 발견은 그 후에 이루어진 방사선의 발견과 전자의 발

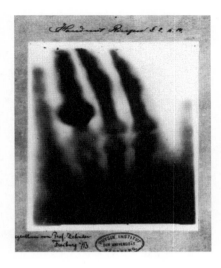

■ 뢴트겐이 아내의 손을 찍은 첫 엑스선 사진

견에 영향을 주었다. 따라서 학자들 중에는 1895년에 이루어진 엑스선의 발견이 현대 과학의 출발점이라고 생각하는 사람들도 있다.

그러나 엑스선이 무엇인가에 대해서는 많은 논란이 있었다. 일부에서는 파장이 짧은 전자기파라고 주장하기도 했지만 빛을 전달하는 매질이라고 믿었던 에테르의 파동, 파장이 짧은 음파, 중력파, 또는 입자의 흐름이라고 주장하는 사람들도 있었다. 뢴트겐은 에테르의 압축에 의해 발생한 종파일 것이라고 생각했다. 엑스선의 정체에 대한 논쟁은 1912년에 독일의 막스 폰 라우에가 엑스선이 짧은 파장을 지닌 전자기파라는 것을 밝혀낼 때까지 계속되었다. 후에 엑스선은 전자의 흐름인 음극선이 양극을 이루고 있는 금속과 충돌할 때 나오는 큰 에너지를 가지고 있는 전자기파라는 것이 밝혀졌다.

퀴리 부부와 새로운 원소 발견

∞ 뢴트겐이 음극선관에서 엑스선을 발견한 지 불과 6개월 후에 베크렐이 우라늄에서 나오는 방사선을 발견했다. 그러나 엑스선 발견에만 주목하고 있던 과학자들은 베크렐이 발견한 방사선에 큰 관심을 보이지 않았다. 하지만 폴란드에서 프랑스로 유학을 와 새로운 연구 주제를 찾고 있던 마리 퀴리는 방사선을 자신의 박사과정 연구 주제로 선택했다.

마리 퀴리는 폴란드 바르샤바에서 교육자의 딸로 태어났지만 어려운 가정 형편 때문에 가정교사를 하면서 공부를 해야 했다. 1891년에 프랑스 파리로 유학을 온 마리 퀴리는 소르본느대학에 진학하여 물리학과 수학을 공부했고, 1894년에는 대학에서 물리학을 가르치고 있던 피에르 퀴리를 만나 다음 해 결혼했다.

우라늄에서 나오는 투과력이 큰 방사선을 자신의 연구 주제로 정한 마리 퀴리는 남편이 발명한 전하를 정밀하게 측정할 수 있는 전위차계를 이용하여 기본적인 조사를 진행했다. 마리 퀴리는 우라늄에서 나오는 복사선이 주변의 공기를 이온화시킨다는 것을 알아냈다. 공기를 이루고 있는 기체 원자들은 양전하를 띤 양성자와 음전하를 띤 전자를 같은 수 가지고 있기 때문에 전체적으로 중성이다. 이런 공기 원자와 방사선이 충돌해 원자의 전자를 튕겨내면 원자가 전기를 띠게 되는데 이런 현상을 이온화라고 한다.

우라늄에서 나오는 방사선이 주변 공기를 이온화시키는 정도를 조사한 마리 퀴리는 방사선의 세기가 우라늄 화합물에 포함된 우라늄 원소의 양에 의해서 결정된다는 것을 알아냈다. 이것은 방사선이 우라늄 원자에서 나온다는 것을 다시 확인한 실험이었다.

마리 퀴리는 전위차계를 이용하여 우라늄을 포함하고 있는 광석인 피치블렌드와 토버나이트도 조사했다. 그랬더니 놀랍게도 이 두 광석에서는 우라늄 화합물에서보다 더 강한 방사선이 나오고 있었다. 피치블렌드는 우라늄 화합물보다 네 배 더 강한 방사선을 내고 있었고, 토버나이트는 두 배 더 강한 방사선을 내고 있었다. 우라늄 광석에는 우라늄 화합물보다 우라늄이 훨씬 적게 포함되어 있다. 따라서 방사선의 세기가 우라늄 원소의 양에 의해서만 결정되는 것이라면 우라늄 광석에서 우라늄 화합물에서보다 더 강한 방사선이 나올 수 없다.

마리 퀴리는 우라늄 광석이 우라늄 화합물보다 더 강한 방사선을 내는 것은 이 광석에 우라늄보다 더 강한 방사선을 내는 새로운 원소가 포함되어 있기 때문이라고 생각했다. 마리 퀴리는 곧 이 새로운 원소를 분리해내기 위한 실험을 시작했다. 1898년 중반에 마리 퀴리의 연구에 흥미를 느낀 남편 피에르 퀴리도 자신이 하던 연구를 중단하고 마리 퀴리의 연구에 동참했다. 퀴리 부부는 수 톤의 우라늄 광석을 높은 온도로 가열하여 끓인 뒤 식혀가면서 서로 다른 온도에서 굳어진 물질들을 분리한 후 방사선이 나오지 않는 물질은 버리고 방사선이 나오는 물질은 또 다른 방법으로 분리했다.

물질을 분리하는 여러 가지 방법을 이용하여 수없이 많은 단계

■ 실험 중인 퀴리 부부

의 분리 과정을 거친 후 퀴리 부부는 소량의 강한 방사선을 내는 비스무트 화합물과 바륨 화합물을 얻었다. 우라늄 광석 수 톤으로 시작한 분리 작업을 통해 새로운 원소를 포함하고 있는 1그램도 안 되는 화합물을 얻어낸 것이다. 1898년 7월 퀴리 부부는 마리 퀴리의 고국인 폴란드의 이름을 따라 폴로늄이라고 이름 붙인 새로운 원소를 발견했다고 발표했고, 1898년 12월 26일에는 라듐을 발견했다고 발표했다.

1903년 12월 스웨덴 왕립협회는 베크렐과 피에르 퀴리 그리고 마리 퀴리에게 방사선에 대한 연구 업적으로 노벨 물리학상을 수여했다. 그러나 퀴리 부부가 스톡홀름을 방문해 노벨상 수상 연설을 할 때 여성이라는 이유로 마리 퀴리는 연설을 할 수 없었다.

1903년에 퀴리 부부가 받은 노벨상의 수상 업적에는 폴로늄과 라듐의 발견이 제외되어 있었는데 그것은 새로운 원소의 발견에는 물리학상이 아니라 화학상을 수여해야 한다는 화학계의 반대 때문이었다. 따라서 마리 퀴리는 폴로늄과 라듐을 발견한 공로로 1911년 노벨 화학상도 받을 수 있었다. 이로 인해 마리 퀴리는 물리학과 화학 분야에서 두 번의 노벨상을 받은 유일한 사람이 되었다. 피에르 퀴리가 두 번째 노벨상을 함께 받지 못한 것은 1906년에 마차사고로 사망했기 때문이었다.

퀴리 부부의 연구는 그들의 딸과 사위에게로 이어져 딸 이레느 퀴리와 사위 프레데릭 졸리오 퀴리는 1934년 1월 인공방사성 동위원소를 발견하고 1935년 12월 노벨 화학상을 공동으로 수상했다. 딸과 사위 부부는 나란히 서서 노벨상 수상연설을 할 수 있었다.

퀴리 부부의 연구로 원자에서 나오는 것이 확실해진 방사선에 대해 관심을 가지는 사람들이 늘어나 원자 내부 구조에 대한 연구에 한 발 더 다가갈 수 있게 되었다. 그러나 본격적인 원자 세계에 대한 연구는 전자가 발견되고, 방사선에 대한 좀 더 자세한 연구가 이루어질 때까지 조금 더 기다려야 했다.

전자의 발견

∞ 1897년에 있었던 전자의 발견은 현대 과학의 발전 과정에서 한 획을 긋는 중요한 사건이었다. 우리 주변에서 발견할 수 있는 모든 전자기기에서 핵심적인 역할을 하는 것은 모두 전자라는 작은 알갱이이다. 20세기에 꽃을 피운 현대 문명은 한 마디로 전자의 행동을 정확하게 이해하고 이를 통해 전자를 마음대로 부리는 문명이라고 할 수 있다.

전자는 음극선관에 흐르는 음극선의 연구를 통해 발견되었다. 음극선관의 음극에서 나와 양극으로 흐르는 음극선의 정체를 밝혀내

■ 조셉 톰슨

기 위한 실험을 한 사람은 많이 있었다. 음극선이 기체와 부딪힐 때 내는 고유한 빛에 대한 연구가 진행되었고, 음극선이 형광물질에 부딪힐 때 내는 형광에 대한 연구도 이루어졌다. 어떤 과학자들은 음극과 양극 사이에 고체 물질을 놓아 보았다. 그랬더니 뒤쪽 벽에 물체의 그림자가 생기는 것을 볼 수 있었다. 그것은 음극에서 나와 양극으로 흘러가는 음극선이 작은 알갱이의 흐름임을 뜻했다.

음극선에 대한 이러한 연구를 발전시켜 음극선이 전자의 흐름이라는 것을 밝혀낸 사람은 영국의 조셉 톰슨이었다. 영국 케임브리지 대학에 있는 캐번디시 연구소의 물리학 교수로 있던 톰슨은 음극선의 정체를 규명하기 위한 정밀한 실험을 했다. 첫 번째 실험은 음극선에서 음전하를 띤 입자들 외에 전하를 띠지 않은 입자들도 포함되어 있는지를 확인하는 실험이었다. 톰슨은 음극선관 주위에 자기장을 걸어 음극선의 흐름을 휘게 하면 똑바로 진행하는 것이 아무 것도 없다는 것을 확인했다. 그것은 음극선은 모두 음전하를 띤 알갱이들의 흐름임을 뜻하는 것이었다.

두 번째 실험은 음극선에 전기장을 걸어주었을 때 음극선이 휘는 것을 조사하는 실험이었다. 이런 실험은 전에도 다른 사람들에 의해 시도되었지만 실패했었다. 음극선관 안에 남아 있던 기체 때문이었을 것이라고 생각한 톰슨은 관 안의 진공도를 훨씬 높인 다음 실험을 다시 해보았다. 예상했던 대로 음극선이 양극 쪽으로 휘어졌다. 그것으로 음극선이 음전하를 띤 입자들의 흐름이라는 것을 다시 확인할 수 있었다.

가장 중요한 톰슨의 마지막 실험은 전기장 안에서 음극선이 휘어가는 정도를 측정하여 음극선을 이루는 알갱이의 전하와 질량의 비(e/m)를 결정하는 실험이었다. 톰슨이 측정한 음극선 입자의 e/m 값은 수소 이온의 e/m 값보다 1840배나 큰 값이었다. 그것은 음극선을 이루고 있는 입자들이 음전하를 띠고 있으며 질량에 비해 큰 전하량을 가진 입자라는 것을 뜻했다. 톰슨은 이 입자를 미립자라고 불렀다.

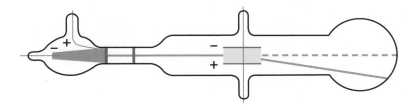

■ 톰슨의 e/m 측정 실험장치

1897년 4월 30일에 영국 왕립연구소에서 톰슨은 4개월간에 걸친 음극선에 대한 실험결과를 발표했다. 톰슨은 이 미립자가 음극을 이루고 있는 원자에서 나온다고 주장했다. 그것은 원자가 더 이상 쪼개지지 않는 가장 작은 알갱이가 아님을 확실히 하는 것이었다. 톰슨이 미립자라고 부른 이 입자를 과학자들은 전자라고 부르기 시작했다.

　전자가 가지고 있는 전하의 크기를 알아내고, 톰슨이 알아낸 전자의 질량과 전하량의 비(e/m)를 이용하여 전자의 질량을 알아낸 사람은 미국의 로버트 밀리컨이었다. 시카고대학 교수로 있던 밀리컨이 전자의 전하량과 질량을 알아낸 것은 1910년이었다. 전자의 질량은 수소 이온의 질량보다 1836분의 1밖에 안 되지만 가지고 있는 전하량은 수소 이온의 전하량과 같았다. 당시에는 아직 수소 이온이 양성자라는 것을 알지 못하고 있었다.

　전자를 발견하여 현대 과학 발전에 크게 공헌한 톰슨은 많은 제자들을 길러낸 사람으로도 널리 알려져 있다. 톰슨의 제자나 조수 중에서 일곱 명이나 노벨상을 수상했으며, 톰슨의 아들 파젯 톰슨도 전자의 파동성을 증명하는 실험으로 1937년에 노벨 물리학상을 수상했다.

러더퍼드와 방사선

∞　원자의 구조를 밝혀내는 연구에서 가장 뛰어난 업적을 남긴 사람 중 한 사람이 뉴질랜드 출신으로 영국에서 활동한 어니스트 러더퍼드였다. 뉴질랜드에서 농부의 아들로 태어난 러더퍼드는 뉴질랜드대학을 졸업한 후 1895년 영국으로 가서 톰슨이 소장으로 있던 캐번디시 연구소에서 연구를 시작했다.

케임브리지에서 방사선에 대한 연구를 시작한 러더퍼드는 방사선이 다른 두 가지 방사선으로 이루어졌다는 것을 알아냈다. 1898년 톰슨은 러더퍼드가 캐나다 몬트리올에 있는 맥길대학에 물리학 교수로 갈 수 있도록 주선해 주었다. 맥길대학에서도 캐번디시 연구소에서 했던 방사선에 관한 연구를 계속한 러더퍼드는 1899년에 투과성이 큰 방사선을 베타선이라고 불렀고, 투과성이 약한 방사선은 알파선이라고 불렀다. 1903년에는 방사선에 알파선이나 베타선보다 투과력이 큰 또 다른 복사선이 포함되어 있다는 것을 발견하고 이를 감마선이라고 불렀다. 감마선은 엑스선보다도 파장이 더 짧은 전자기파라는 것이 밝혀졌다.

■ 세 가지 방사선의 투과력 비교

1900년부터 맥길대학의 젊은 화학자 프레더릭 소디와 함께 토륨이 내는 방사성 물질의 정체를 규명하는 연구를 시작한 러더퍼드는 1902년 방사성 붕괴를 하면서 한 원소가 다른 원소로 변환한다는 원자 분열 이론을 제안했다. 러더퍼드와 소디는 실험을 통해 방사성 원소가 방사선을 내고 다른 원소로 바뀌는 것을 실제로 보여주었다. 이로써 원자가 더 이상 쪼개지지 않는 가장 작은 알갱이라는 돌턴의 원자모형은 사실이 아니라는 것이 확실해졌다.

1907년 영국 맨체스터대학으로 옮긴 후에도 러더퍼드는 알파선에 관한 연구를 계속했다. 러더퍼드는 1908년에 알파선이 헬륨 원자핵이라는 사실을 실험을 통해 증명했고, 베타선은 음극선과 같은 전자의 흐름이라는 것을 확인했다. 이로써 원자에서 양전하를 띤 헬륨 원

소디

한 원자가 방사선을 내면 다른 원자로 바뀌는 것이 확실해요. 이것은 원자가 더 쪼갤 수 없는 가장 작은 알갱이라는 것도, 원소는 절대로 다른 원소로 바뀔 수 없다는 것도 사실이 아니라는 뜻이에요.

맞아요. 한 원소는 다른 원소로 바꿀 수 있어요. 고대 연금술사들이 그렇게 하고 싶었던 것을 우리가 해낸 것이지요. 원자도 쪼개질 수 있다는 것이 밝혀졌으니 이제 우리가 해야 할 일은 원자의 내부 구조를 밝혀내는 일이에요.

러더퍼드

자핵과 음전하를 띤 전자와 함께 큰 에너지를 가진 전자기파가 나온다는 것이 확인된 것이다. 원자는 어떻게 이런 것들을 낼 수 있을까?

원자가 내는 방사선에 관한 연구 업적으로 러더퍼드는 1908년 노벨 화학상을 수상했다. 그러나 원자핵을 발견하여 원자의 내부 구조를 밝혀내는 데 크게 기여한 그의 가장 중요한 실험 연구는 그가 노벨상을 수상한 이후인 1909년에 이루어졌다.

부지런했으며, 검소했고, 겸손했던 과학자

뢴트겐은 엑스선을 발견한 과학적 업적뿐만 아니라 수도자 같았던 그의 인간성으로도 유명하다. 뢴트겐은 학교를 다니는 동안 퇴학당했기 때문에 고등학교 졸업장이 없어도 시험에 합격만 하면 갈 수 있었던 스위스 취리히에 있는 연방공과대학에 진학했다. 그가 퇴학을 당한 이유는 선생님 얼굴을 이상하게 그린 친구가 누구인지를 끝까지 말하지 않았기 때문이었다. 뢴트겐은 퇴학당하더라도 친구와의 의리를 지켜야 한다고 생각했다.

1895년에 뢴트겐이 엑스선을 발견하자 일부 과학자들은 이 새로운 광선을 뢴트겐선이라고 부르자고 했다. 그러나 뢴트겐은 뢴트겐선이라는 이름보다 엑스선이라는 이름을 더 좋아했다. 새로운 발견에 자신의 이름을 붙이기를 좋아했던 당시의 풍조에 비추어 볼 때 이것은 그가 얼마나 겸손한 성격을 가지고 있었는지를 잘 나타낸다. 그러나 지금도 엑스선을 뢴트겐선이라고 부르는 사람들도 있다.

뢴트겐이 발견한 엑스선이 의학적으로 매우 중요하다는 것이 밝혀지자 많은 사람들이 뢴트겐에게 엑스선에 대한 특허를 출원하라고 권유했다. 특허를 받아 놓으면 많은 돈을 벌 수 있는 것이 확실했다. 그러나 뢴트겐은 엑스선 발견의 혜택이 모든 사람들에게 돌아가도록 하기 위해 특허를 출원하지 않았다.

■ 뢴트겐

뢴트겐은 엑스선을 발견한 공로로 1901년에 제1회 노벨 물리학상을 수상하고 많은 상금을 받았다. 그러나 뢴트겐은 상금을 모두 그가 재직하고 있던 뷔르츠부르크대학에 기부했다. 과학적 성과는 그 자체로 가치 있는 것이라고 생각했던 뢴트겐은 과학적 발견으로 경제적 이익을 얻으려고 하지 않았다. 뢴트겐은 이런 생각으로 인해 제1차 세계대전이 끝난 후에 있었던 인플레이션으로 생활에 어려움을 겪기도 했다.

그러나 그는 뷔르츠부르크대학이 그에게 수여한 명예의학 박사학위는 사양하지 않고 즐거운 마음으로 받아들였다. 뢴트겐은 죽기 전에 그가 주고받은 편지를 모두 파기하도록 했다. 자신과 관련된 이야기가 사람들에게 오르내리는 것을 원하지 않았기 때문이었을 것이다. 뢴트겐은 과학자였지만 마치 수도자 같은 삶을 살았다. 검소하고 겸손하게 살았던 뢴트겐의 생애는 우리에게 큰 감동을 준다.

Quantum Mechanics

4장

원자의 내부 구조를 밝혀라

러더퍼드의 실험

1907년 캐나다 맥길대학에서 영국 맨체스터대학으로 옮긴 러더퍼드는 1908년 노벨 화학상을 수상한 직후인 1909년에 그의 가장 중요한 과학적 업적이라고 할 수 있는 금박 실험을 시작했다. 이 실험은 그의 학생이었던 요하네스 가이거와 어니스트 마르스덴이 주로 했으므로 가이거-마르스덴 실험이라고도 부른다. 독일 출신이었던 가이거는 1906년 에르랑겐대학에서 박사학위를 받고 1907년부터 맨체스터대학에서 러더퍼드의 연구원으로 일하고 있었으며, 마르스덴은 대학생으로 러더퍼드의 연구에 참여했다.

가이거와 마르스덴은 러더퍼드의 지도 아래 알파선을 얇은 금박에 입사시켜 금박에 의해 어떻게 휘어지는지 알아보는 실험을 했다. 금박을 통과한 알파선이 형광물질을 바른 스크린에 도달하면 작은 불꽃을 만들어냈기 때문에 이 불꽃의 위치와 개수를 세어 알파 입자가 어떻게 금박을 통과했는지를 알아보는 실험이었다.

그들은 금을 얇게 펴서 두
께가 20,000분의 1센티미터
정도인 얇은 금박을 만들었다.
금을 사용한 것은 가공성이 좋
아 얇은 막을 만들 수 있었기
때문이었다. 그 후에는 방사성
원소에서 나오는 알파선을 이
금박을 향해 발사했다. 발사라
고는 하지만 실제로는 납으로

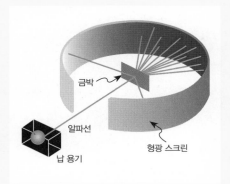

■ 금박 실험

된 용기 속에 방사성 원소를 넣고 금박을 향해 입구를 열어 놓은 것이 전부였다.
방사성 원소에서 나온 알파 입자는 초속 1만 6000킬로미터의 속력으로 금박을
향해 달려가 충돌했다.

마르스덴과 가이거는 어두운 실험실에서 알파 입자가 내는 작은 불꽃의 위치
와 수를 기록했다. 암실의 칠흑 같은 어둠 속에서 겨우 눈에 보일까 말까하는 작
은 불꽃의 수를 세고 위치를 확인하는 것은 쉬운 일이 아니었다. 이런 실험은 여
러 날 계속되었다. 어떤 때는 밤을 새워 가면서 실험할 때도 있었다. 그러나 이 정
도의 어려움은 실험을 하는 과학자들이라면 자주 겪는 일이었다. 마르스덴과 가
이거는 피곤함에도 불구하고 졸음을 이겨내며 실험을 계속해 나갔다.

그들은 알파 입자가 금박을 그대로 통과할 것이라고 생각했기 때문에 처음에
는 스크린을 금박의 뒤쪽에만 놓고 금박을 통과해 온 알파 입자의 수만 세고 있었
다. 그러던 어느 날 러더퍼드는 두 사람에게 금박 뒤쪽이 아니라 앞쪽에도 형광스
크린을 놓아보라고 이야기했다. 앞쪽으로도 튀어나오는 알파선이 있을 것이라고

예상했기 때문은 아니었다. 그냥 확인해보고 싶었던 것뿐이었다.

그러나 그 결과는 놀라웠다. 약 8000개의 알파 입자 중 하나 꼴의 입자가 뒤쪽으로 튀어나오고 있었던 것이다. 당시의 원자모형으로는 이 실험결과를 설명할 수 없었다. 이 실험으로 인해 원자 중심에 원자 질량의 대부분을 차지하고 있는 원자핵이 있다는 것을 알게 되었다. 다시 말해 이 실험은 원자핵을 발견한 최초의 실험이 되었다.

그렇다면 러더퍼드가 이 실험을 하기 전에는 원자를 어떻게 설명하고 있었을까? 그리고 이 실험결과가 왜 원자핵의 존재를 나타내는 것이 될까? 이 실험에 의해 원자모형은 어떻게 바뀌어졌을까?

그것은 참으로 놀라운 일이었습니다. 그것은 마치 휴지를 향해 대포를 쏘았는데 포탄이 휴지에 의해 튕겨 되돌아온 것과 같은 놀라운 일이었습니다. 원자에 질량이 골고루 퍼져 있다면 절대로 일어나지 않아야 할 일이 일어난 것입니다. 이것은 원자의 질량이 원자 전체에 퍼져 있는 것이 아니라 한 점에 대부분이 모여 있다는 것을 나타냅니다. 이 실험으로 우리는 원자에 대한 생각을 바꾸지 않을 수 없게 되었습니다.

러더퍼드

원자모형 만들기

∞ 원자에서 나오는 방사선을 연구한 퀴리 부부와 러더퍼드의 노력으로 원자는 더 이상 물질을 이루는 가장 작은 알갱이가 아니라는 것이 밝혀졌다. 따라서 1900년대 초부터 원자의 내부 구조에 대한 본격적인 연구가 시작되었다. 그러나 크기가 10억분의 1미터 정도인 원자의 내부를 조사하는 일은 생각처럼 쉽지 않았다. 원자 내부를 직접 들여다보는 것이 가능하지 않기 때문이다.

주로 생물학 실험실에서 사용하고 있는 광학현미경은 물론 배율이 가장 좋은 전자현미경으로도 원자의 내부를 들여다볼 수는 없다. 최근에 개발된 주사투과현미경(STM)이나 원자력 현미경(AFM)을 이용하면 원자가 어디에 있는지 정도는 알 수 있다. 따라서 원자들로 이루어진 물질 내에 원자들이 어떻게 배열되었는지를 연구할 때는 이런 현미경을 이용할 수 있다. 그러나 이런 현미경으로도 원자 내부를 들여다볼 수는 없다.

따라서 직접 조사할 수 있는 방법이 없는 원자 내부 구조를 알아내기 위해서는 원자모형을 이용해야 한다. 측정된 원자의 성질을 바탕으로 원자모형을 만들고 이 원자모형을 이용하여 원자의 여러 가지 성질을 설명하거나 아직 발견되지 않은 성질을 예측하는 것이다. 그리고는 예측한 결과를 확인하기 위한 실험을 한다. 그런 실험에서 그때까지 알고 있는 원자모형으로는 설명할 수 없는 새로운 성질이 나타나면 새로운 성질까지 설명할 수 있는 또 다른 원자모형을 만든다.

이런 과정을 거쳐 원자의 모든 성질을 모순 없이 설명할 수 있는 원자모형이 만들어지면 원자의 구조를 밝혀냈다고 할 수 있다. 원자의 내부 구조를 연구하기 시작한 과학자들의 목표는 원자가 내는 스펙트럼과 주기율표를 설명할 수 있는 원자모형을 만드는 것이었다.

처음에는 원자의 간단한 성질을 설명하기 위한 단순한 원자모형이 만들어진 후에 여러 번 수정을 거쳤다. 이런 과정을 거쳐 원자가 내는 스펙트럼과 원소 주기율표를 성공적으로 만들어낸 원자모형이 양자역학적 원자모형이다. 따라서 양자역학이 성립하는 과정은 원자가 내는 스펙트럼의 종류와 세기 그리고 주기율표를 설명할 수 있는 원자모형을 만들어가는 과정이었다고 할 수 있다.

톰슨의 원자모형

∞ 원자모형 중에서 최초로 제안된 원자모형은 돌턴의 원자모형이라고 할 수 있다. 돌턴의 원자모형은 더 쪼갤 수도 없고, 따라서 내부 구조도 가지고 있지 않은 단단한 공과 같은 원자였다. 돌턴의 원자모형에서는 크기와 무게가 원자의 종류를 결정했다. 그러나 원자에서 나오는 빛이나 주기율표를 설명할 수 없었던 돌턴의 원자모형은 원자에서 방사선이 나온다는 것이 확인되면서 폐기되었다. 따라서 이제 내부 구조를 가지고 있는 원자모형이 나올 차례였다.

음전하를 띤 전자의 흐름인 베타선과 양전하를 띤 헬륨 원자핵으로 이루어진 알파선이 나오는 원자모형을 처음 제안한 사람은 전자를 발견한 영국의 조셉 톰슨이었다. 톰슨은 1904년에 원자에서 음전하를 띤 베타선(전자)과 양전하를 띤 알파선이 방출된다는 사실을 바탕으로 원자가 음전하를 띤 전자와 양전하를 띤 물질로 이루어졌다고 설명하는 원자모형을 제안했다.

톰슨의 원자모형에서는 양전하를 띠는 물질은 원자 전체에 골고루 퍼져 있었다. 아직 양성자나 원자핵이 발견되기 전이었으므로 양전하를 띤 물질이 알갱이로 이루어졌다는 생각을 하지 못했다. 반면에 원자에서 전자가 나오는 것을 설명하기 위해 원자 전체에 골고루 퍼져 있는 양전하를 띤 물질 여기저기에 음전하를 띤 전자가 박혀 있다고 했다. 이런 원자는 마치 유럽에서 크리스마스에 주로 먹는 건포도가 여기저기 박혀 있는 플럼푸딩을 닮았다 하여 플럼푸딩 모형이라고 부르게 되었다.

플럼푸딩 원자모형이 포함된 논문은 당시 영국에서 가장 중요한 학술잡지였던 '철학잡지' 1904년 3월호에 실렸다. 이 논문에서 톰슨은 "원자는 음전하를 띤 미립자(전자)들이 양전하가 균일하게 분포된 구로 둘러싸여 있다…"라고 설명했다. 톰슨은 이때까지도 전자를 미립자라고 부르고 있었다.

톰슨의 이런 설명에서 알 수 있는 것처럼 톰슨의 원자모형에서는 원자가 전자를 포함하고 있다는 것은 확실했지만 양전하를 띤 부분에 대해서는 명확하게 설명하지 못했다. 양전하를 띤 물질은 원자 전체에 수프나 구름처럼 퍼져 있다고 생각했다. 톰슨은 전자들은 원자

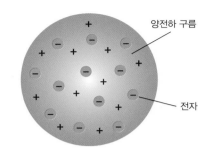

양전하 구름

전자

■ 톰슨의 플럼푸딩 원자모형

안에서 여러 가지 다른 방법으로 배열될 수 있으며 원자의 중심 둘레를 회전하고 있다고 생각했다.

전자들이 고리를 이루어 원자의 중심을 돌고 있으면 전자들 사이의 상호작용으로 전자들이 더 안정한 상태를 유지할 수 있다고 설명하기도 했다. 톰슨은 전자 고리의 에너지 차이를 이용하여 원자가 내는 스펙트럼을 설명하려고 시도했지만 그다지 성공적이지는 못했다. 원자 전체에 골고루 분포되어 있는 양전하를 띤 물질 여기저기에 전자가 박혀 있는 톰슨의 플럼푸딩 모형은 1907년에 러더퍼드와 그의 제자들이 한 실험결과를 설명할 수 없었기 때문에 폐기되고 러더퍼드의 원자모형으로 대체되었다.

한타로의 토성 모형

∞ 톰슨의 플럼푸딩 원자모형이 제안된 1904년에 일본의 나가오카 한타로가 토성 모형을 제안했다. 일본 나가사키에서 태어나 도쿄대학에서 공부했으며 일본에 와있던 외국 과학자들과 함께 액체 니켈의 성질을 연구하기도 했던 한타로는 1893년에 유럽으로 건너가 베를린, 비엔나 등지에서 공부하며 토성의 고리가 작은 입자들로

이루어졌다고 설명한 맥스웰의 이론을 배웠다.

한타로는 1900년에 파리에서 개최된 제1회 국제물리학자대회에 참석해 방사선에 대해 설명한 마리 퀴리의 강연을 듣고 원자 물리학에 관심을 가지게 되었다. 1901년에 일본으로 돌아온 한타로는 1925년까지 도쿄대학의 물리학 교수로 재직했다.

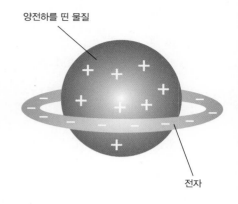

양전하를 띤 물질

전자

■ 토성 모형

한타로는 1904년에 톰슨이 제안한 플럼푸딩 원자모형과는 달리 양전하를 띤 물질 주변을 여러 개의 전자들이 고리를 이루어 돌고 있는 새로운 원자모형을 제안했다. 음전하를 띤 전자들이 양전하를 띠고 있는 물질 안으로 들어갈 수 없다고 생각했기 때문이다. 톰슨의 원자모형에서는 음전하를 띤 전자들이 양전하를 띤 물질 안에서 원자의 중심 주위를 돌고 있었다.

원자 중심을 전자들이 고리를 이루어 도는 모양이 토성과 토성의 고리를 닮았다 하여 한타로가 제안한 원자모형을 토성 모형이라고 부른다. 한타로는 질량이 큰 토성을 작은 입자들이 고리를 이루어 돌고 있는 것처럼 매우 무거운 원자 중심을 전자들이 고리를 이루어 돌고 있다고 했다.

토성과 고리 사이에는 중력이 작용하지만 원자 중심과 전자 사이에는 전기적 인력이 작용하는 것이 다를 뿐이었다. 무거운 원자 중심을 가벼운 전자들이 돌고 있다는 설명은 후에 러더퍼드의 실험을 통해 옳은 것으로 판명되었다. 그러나 다른 자세한 내용은 옳지 않았다. 특히 음전하를 띤 전자들이 전기적 반발력을 이기고 안정한 상태의 고리를 만들고 있다는 것을 설명할 수 없었다. 따라서 1908년 한타로는 자신이 제안한 토성 모형을 폐기했다.

러더퍼드의 원자모형

∞ 1909년에 러더퍼드가 그의 제자들과 했던 금박 실험결과는 톰슨의 플럼푸딩 원자모형으로는 설명할 수 없는 것이었다. 플럼푸딩 모형에서는 양전하를 띤 물질이 원자 전체에 골고루 퍼져 있었고, 가벼운 전자들이 여기저기 박혀 있었다. 이런 원자는 알파 입자를 뒤로 튕겨낼 수 없었다. 구름과 같이 원자 전체에 퍼져 있던 양전하를 띤 물질은 단단하고 무거운 알파 입자를 튕겨낼 수 없었고, 전자도 자신보다 7000배가 넘는 질량을 가지고 있는 알파 입자를 튕겨낼 수 없었기 때문이다.

이것은 우리의 경험으로도 충분히 이해할 수 있는 일이다. 가벼운 탁구공들이 쌓여 있는 곳을 향해 무거운 볼링공을 던지면 볼링공이 탁구공을 밀어내고 앞으로 나간다. 가벼운 탁구공이 볼링공을 뒤로 튕겨낼 수는 없다. 반면에 볼링공을 향해 탁구공을 던지면 탁구공이 뒤로 튀어나온다. 무거운 볼링공이 가벼운 탁구공을 뒤로 튕겨냈기 때문이다.

톰슨의 원자모형이 틀렸다는 것을 확인한 러더퍼드는 자신의 실험결과를 설명할 수 있는 새로운 원자모형을 만들기 시작했다. 금박실험에서 알파 입자가 뒤로 튕겨져 나온 것은 알파 입자보다 질량이 훨씬 큰 알갱이가 원자에 들어 있다는 것을 의미했다. 그리고 대부분의 알파 입자가 원자를 그대로 통과했다는 것은 알파 입자를 튕겨낸 입자의 크기가 아주 작다는 것을 나타냈다. 알파 입자가 금박을 통과하면서 휘어져 지나간 정도를 바탕으로 수학적 계산을 통해 러더퍼드는 알파 입자를 튕겨낸 알갱이가 양전하를 띠고 있으며, 크기는 전체 원자 크기의 10만 분의 1밖에 안 된다는 사실을 알아냈다.

이런 분석을 바탕으로 러더퍼드는 1911년에 새로운 원자모형을 제안했다. 러더퍼드가 만든 원자모형에서는 원자 질량의 대부분을 가지고 있는 양전하를 띤 작은 원자핵이 원자의 중심에 자리 잡고 있고 가벼운 전자가 원자핵을 돌고 있었다. 이렇게 해서 원자의 중심에 자리 잡고 있는 원자핵이 세상에 모습을 드러내게 되었다.

아직 양성자와 중성자가 발견되지 않았던 때라 원자핵의 구조를 제대로 설명할 수는 없었지만 원자핵이 양전

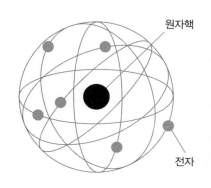

원자핵

전자

■ 러더퍼드의 원자모형

하를 띠고 있다는 것, 크기가 아주 작다는 것, 그러면서도 원자 질량의 대부분을 가지고 있다는 것을 알게 되었다. 원자 질량의 대부분을 가지고 있는 원자핵의 지름은 원자 지름의 약 10만 분의 1밖에 안되었기 때문에 원자는 텅빈 공간이나 마찬가지였다. 원자를 커다란 체육관이라고 할 때 원자핵은 체육관 중앙에 매달려 있는 작은 구슬에 지나지 않았다. 그리고 넓은 체육관에는 먼지 같은 전자들이 몇 개 날아다닐 뿐이었다. 따라서 원자는 대부분 텅 빈 공간으로 이루어져 있었다. 러더퍼드가 알아낸 원자의 모습은 사람들이 상상하던 것과는 전혀 달랐다.

러더퍼드 원자모형의 문제점

∞ 러더퍼드가 제안한 원자모형은 태양계와 아주 비슷한 모양을 하고 있었다. 태양계에서 질량의 대부분을 차지하고 있는 태양 주위를 여러 개의 행성들이 돌고 있는 것처럼 원자에서는 원자 질량의 대부분을 가지고 있는 원자핵 주위를 가벼운 전자들이 돌고 있다. 그러나 비슷해 보이는 겉모습과는 달리 태양계와 원자는 근본적으로 다른 점이 있었다.

태양계에서 행성들이 달아나지 못하도록 붙들어두는 힘은 질량 사이에 작용하는 중력이다. 그러나 원자에서 전자들이 달아나지 못하도록 붙들어 두는 힘은 원자핵이 가지고 있는 양전하와 전자가 가지고 있는 음전하 사이에 작용하는 전기력이다. 중력과 전기력은 모두 거리 제곱에 반비례하는 힘이다. 태양계와 원자의 구조가 비슷한 것은 두 체계를 구성하는 힘이 모두 거리 제곱에 반비례하기 때문이다.

그러나 중력과 전기력은 전혀 다른 면이 있다. 중력이 작용하는 행성들은 태양 주위를 돌아도 에너지를 잃지 않기 때문에 계속적으로 태양 주위를 돌 수 있다. 따라서 태양계는 항상 안정한 상태를 유지할 수 있다. 그러나 전자기학 이론에 의하면 가속 운동을 하는 전하를 띤 입자는 전자기파를 방출하고 에너지를 잃는다.

따라서 원자핵 주위를 돌고 있는 전자는 전자기파를 방출하면서 에너지를 잃고 원자핵 속으로 끌려 들어가야 한다. 따라서 러더퍼드 원자모형과 같은 구조를 가지고 있는 원자는 안정한 상태로 존재할 수 없다. 다시 말해 그때까지 알고 있던 물리 법칙이 옳다면 러더퍼드가 제안한 원자는 존재할 수 없었다.

문제는 그뿐만이 아니었다. 원자핵 주위를 도는 전자가 내는 전자기파의 진동수는 전자가 원자핵을 도는 진동수와 같아야 한다. 따라서 일정한 궤도에서 원자핵을 도는 전자는 일정한 진동수의 전자기파를 방출할 수 있다. 하지만 원자핵을 돌면서 전자기파를 방출하고 에너지를 잃으면 전자가 나선운동을 하면서 원자핵으로 다가가기 때문

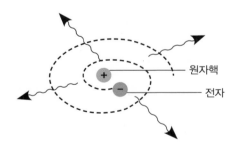

■ 원자핵 주위를 도는 전자는 전자기파를 내고 원자핵으로 빨려 들어가야 한다.

에 원자핵을 도는 주기가 달라져야 하고 따라서 방출하는 전자기파의 진동수도 달라져야 한다.

그렇게 되면 원자는 특정한 진동수만 가지는 선스펙트럼이 아니라 진동수가 연속적으로 변하는 연속 스펙트럼을 내야 한다. 그러나 분젠을 비롯한 많은 과학자들의 관측에 의하면 원자는 고유한 선스펙트럼을 낸다. 이것은 러더퍼드의 원자모형으로는 원자가 내는 선스펙트럼을 설명할 수 없다는 것을 뜻했다.

러더퍼드 원자모형의 또 다른 문제점은 원자의 크기를 정할 수 없다는 점이었다. 질량의 대부분을 가지고 있는 원자핵은 전체 원자 부피에 비해 아주 작은 부피만을 차지하고 있다. 따라서 원자핵의 크기가 원자의 크기가 될 수는 없었다. 원자핵 주위를 돌고 있는 전자들은 원자핵보다도 더 작았다. 이렇게 작은 전자들이 텅 빈 공간을 돌고 있는 것이 원자였다. 그렇다면 원자의 크기는 어떻게 정해질까?

원자들이 모여 물질을 만들기 위해서는 원자가 일정한 크기를 가져야 한다. 따라서 원자의 크기를 설명할 수 없는 러더퍼드의 원자모형은 실제 원자를 나타내는 것이라고 할 수 없었다. 러더퍼드는 실험을 통해 원자가 원자핵과 전자로 이루어졌다는 것을 알아냈지만, 그런 원자는 그때까지 알고 있는 물리 법칙으로는 설명할 수 없는 원자였다. 원자의 내부 구조를 연구하던 과학자들은 여기서 막다른 골목에 다다른 느낌이 들었다.

그때까지 알고 있던 물리 법칙으로는 해결할 수 없는 난관에 부딪힌 과학자들은 뉴턴역학이나 전자기학 이론과는 다른 새로운 물리학을 도입하여 이 문제를 해결해야 했다. 원자의 세계는 그냥 작은 세상이 아니라 우리가 알고 있던 물리 법칙과는 다른 물리 법칙이 적용되는 전혀 다른 세상이었던 것이다. 그러나 원자보다 작은 세상에서 일어나는 일들을 설명하는 양자역학에 대한 실마리는 원자와는 전혀 다른 곳에서 발견되었다. 이에 대해서는 다음 장에서 자세하게 알아보기로 하고 여기서는 원자를 구성하고 있는 입자들이 밝혀지는 과정에 대해 좀 더 알아보기로 하자.

양성자의 발견

러더퍼드가 원자핵을 포함하고 있는 그의 원자모형을 발표한 1911년에는 양성자가 발견되어 있지 않았다. 그때 이미 수소 이온에 대해서는 알고 있었지만 수소 이온이 원자핵을 구성하고 있는 양성자라는 것은 모르고 있었다. 원자핵의 존재를 알게 된 러더퍼드는 알파선을 원자와 충돌시켜 한 원자를 다른 원자로 전환시키는 실험을 시작했다. 알파 입자를 원자와 충돌시킬 때 알파 입자와 실제로 충돌하는 것은 원자핵이었다. 원자핵과 충돌한 알파 입자는 뒤로 팅겨져 나오기도 하지만 원자핵에 흡수된 뒤 다른 입자를 방출하기도 했다.

1919년 러더퍼드는 알파 입자를 질소 원자와 충돌시키면 질소 원자가 산소 원자로 바뀐다는 사실을 알아냈다. 최초로 원자를 인공적으로 변환하는 데 성공한 것이다. 러더퍼드는 알파 입자를 질소 원자와 충돌시키면 산소 원자와 함께 수소 이온이 나오는 것을 확인했다.

질소 원자핵 + 알파 입자 → 산소 원자핵 + 수소 원자핵

이것은 수소 원자핵이 질소 원자핵에 포함되어 있었다는 것을 의미하는 것이었다. 그리고 그것은 다른 원자핵들 안에도 수소 원자핵이 포함되어 있을 수 있다는 것을 뜻했다.

실험을 통해 확인된 원자의 질량이 수소 원자 질량의 정수배에 가까운 값이라는 것을 알게 된 과학자들 중에는 돌턴의 원자론이 등장하고 얼마 안 되어 원자가 수소 원자로 이루어져 있을지 모른다고 주장하는 사람들도 있었다. 그들은 수소만이 기본적인 입자이고 다른 원자들은 수소 원자가 여러 가지로 결합하여 만들어졌다고 주장한 것이다. 그러나 원자량을 정밀하게 측정하면서 그런 주장은 더 이상 받아들여지지 않게 되었다. 원자량 중에는 수소 질량의 정수배가 아닌 것이 많이 발견되었기 때문이다.

질소 원자핵과 알파 입자를 충돌시켰을 때 수소 원자핵이 나오는 것을 확인한 러더퍼드는 수소 원자핵이 모든 원자핵을 구성하는 기본적인 입자일지도 모른다고 생각하게 되었다. 따라서 러더퍼드는 1920년에 수소 원자핵에 양성자(proton)라는 이름을 붙였다. 이렇게 해서 원자핵의 구성 요소 중 하나인 양성자가 발견되었다. 그러나 양성자만으로는 원자핵의 구성을 설명할 수 없었다.

양성자는 양전하를 띠고 있으므로 양성자끼리는 전기적 반발력

으로 서로 밀어내야 한 다. 따라서 원자핵과 같 이 작은 공간에 양성자 들이 모여 있는 것을 설 명할 수 없었다. 따라서 러더퍼드는 1921년에 양성자들의 전기적 반발

질량 = 양성자 질량의 12배
전하량 = 양성자 전하량의 6배

탄소 원자핵

■ 탄소 원자핵의 질량은 양성자 질량의 12배였지만, 전하량은 양성자 전 하량의 6배밖에 안 된다. 따라서 원자핵에는 양성자 외에 다른 입자가 들어 있어야 했다.

력을 상쇄할 전하를 띠지 않은 중성자가 있을 것이라고 예측했다.

원자핵의 전하량과 질량을 설명하기 위해서도 중성자가 있어야 했다. 실험을 통해 탄소 원자핵의 전하량은 양성자 전하량의 6배인 반면 원자핵의 질량은 양성자 질량의 12배라는 것을 알아냈다. 양성 자로만 이루어진 원자핵으로는 이것을 설명할 수 없었다. 원자핵의 구성을 설명하기 위해서는 전하는 가지고 있지 않으면서도 질량은 양성자와 비슷한 중성자가 필요했다. 그러나 러더퍼드는 중성자를 발견하지는 못했다. 중성자는 1932년이 되어서야 러더퍼드의 제자 인 채드윅에 의해 발견되었다.

중성자의 발견

∞ 원자의 마지막 구성요소인 중성자를 발견한 사람은 러더퍼드 의 제자였던 영국의 제임스 채드윅이었다. 러더퍼드가 질소 원자핵

에 알파 입자를 충돌시켜 산소와 양성자가 나오는 실험을 한 후 많은 사람들이 원자핵에 알파 입자를 충돌시키면서 어떤 입자들이 나오는지 알아보는 실험을 했다. 이런 실험을 통해 알파 입자를 원자핵에 충돌시키면 감마선이 나오기도 한다는 것을 알게 되었다.

라듐과 폴로늄을 발견한 마리 퀴리의 딸과 사위인 이레느와 졸리오 부부는 방사성 원소인 폴로늄에서 나오는 알파선을 베릴륨에 충돌시키면서 이때 나오는 감마선의 투과력을 실험하고 있었다. 이때 베릴륨 표적 주위에 있던 파라핀에서 양성자가 튀어나온다는 것을 알아냈다. 알파 입자를 충돌시킨 베릴륨이 아니라 베릴륨 주변에 있던 파라핀에서 양성자가 나오는 것은 이해할 수 없는 일이었다. 이레느와 졸리오 부부는 파라핀에서 양성자가 나오는 이유를 설명하지 못했다.

이 실험을 다시 해본 채드윅은 알파 입자가 베릴륨에 충돌할 때 양성자와 비슷한 질량을 가진 중성 입자가 나오고, 이 중성 입자가

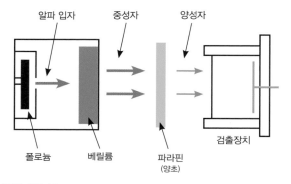

■ 중성자를 발견한 실험장치

파라핀에 포함되어 있는 수소의 원자핵인 양성자와 충돌하여 양성자를 방출하는 것이라고 설명했다. 이 중성 입자가 바로 러더퍼드가 예상했던 중성자였다. 채드윅이 발견한 중성자의 존재는 많은 실험을 통해 사실로 확인되었다.

원자핵에 양성자에 이어 중성자가 추가되자, 양성자와 중성자로 이루어진 원자핵 주위를 전자가 돌고 있는 우리가 잘 알고 있는 원자 모형이 완성되었다. 원자번호는 원자핵 안에 들어 있는 양성자의 수를 나타내고, 원자량은 양성자와 중성자의 수를 합한 값을 나타낸다. 이것을 식을 이용해 설명하면 원자번호가 Z이고, 원자량이 A인 원자의 경우 원자핵에는 들어 있는 양성자의 수는 Z개이고, 양성자와 중성자의 수를 합한 값은 A이다. 따라서 원자핵에 들어 있는 중성자의 수는 A-Z가 된다.

양성자의 수는 같고 중성자 수가 다르면, 원자번호는 같고 원자량은 다르게 되는데, 이러한 원소들을 동위원소라고 부른다. 모든 원소들은 여러 개의 동위원소들을 가지고 있다. 원자핵 안에 들어 있는 양성자 수와 중성자 수의 합을 나타내는 원자량이 소수점으로 나타내지는 것은 여러 가지 동위원소의 원자량을 평균한 값이기 때문이다.

이렇게 해서 원자의 구성 요소들은 모두 발견되었다. 그러나 구성 요소들만으로는 원자가 내는 스펙트럼과 주기율표를 설명할 수 없었다. 원자가 내는 스펙트럼과 주기율표를 설명하기 위해서는 이런 구성 요소들이 어떤 구조를 하고 있는지를 알아내야 했다.

분자의 존재를 증명한 브라운 운동

　화학에서 세상을 이루는 물질이 원자로 이루어졌다는 원자론을 널리 받아들인 것은 1860년대의 일이었다. 그러나 화학에서 원자론을 받아들인 후에도 물리학자들 중에는 원자의 존재를 의심하는 사람들이 많았다. 실험을 통해 확인된 것이 아니면 인정하지 않으려고 했던 에른스트 마흐를 비롯한 일부 물리학자들은 원자나 분자는 사람들이 화학반응을 설명하기 위해 만들어낸 하나의 가설에 지나지 않는다고 주장했다. 그들은 원자나 분자가 실제로 존재한다는 것을 인정하기 위해서는 좀 더 확실한 증거가 필요하다고 생각했다.

　그러나 물리학자들 중에는 원자론을 받아들여 그전까지 설명할 수 없었던 여러 가지 현상을 설명한 사람들도 있었다. 그런 물리학자들 중에 대표적인 사람이 분자들의 운동을 통계적으로 분석하는 통계물리학의 기초를 마련한 루드비히 볼츠만이었다. 볼츠만은 분자의 운동을 수학적으로 분석하여 열과 관련된 현상을 설명하는 새로운 방법을 제시했다. 그러나 그는 원자나 분자의 존재를

나는 직접 실험을 통해 확인된 것만을
사실로 인정합니다. 아무도 볼 수 없는 원자는 절대로
받아들일 수 없어요. 그건 화학자들이 화학반응을
설명하기 위해 만들어낸 가상적인 입자들일 뿐이에요.
내 앞에서는 원자 이야기를 다시는 하지 마세요.

마흐

우리 눈으로 확인할 수 없는 것도 자연현상을
이해하는 데 도움이 되면 받아들여야 합니다.
원자의 존재를 인정하고 수학적으로 분석하면 그동안
설명할 수 없었던 많은 현상들을 잘 설명할 수 있어요.
이것은 원자가 실제로 존재한다는 증거입니다.

볼츠만

인정하지 않던 물리학자들의 끊임없는 공격을 받아야 했다.

다른 학자들과의 논쟁으로 우울증에 시달리던 볼츠만은 1906년 9월 6일 이탈리아 북동지방에 있는 트리티스 근처에 있는 두인노 만에서 휴가를 보내던 중 부인과 딸이 수영을 하고 있는 동안 목을 매 자살하고 말았다. 원자의 존재를 바탕으로 통계물리학이라는 새로운 분야의 기초를 닦았던 볼츠만의 일생은 이렇게 비극적으로 끝나버렸다.

그러나 분자의 존재를 과학적으로 증명한 논문이 볼츠만이 죽기 1년 전에 이미 출판되어 있었다. 그 논문을 쓴 사람은 알베르트 아인슈타인이었다. 아인슈타인은 특수상대성이론을 발표하던 1905년에 과학의 역사를 바꿔 놓은 두 편의 논문을 더 발표했는데 그 중 하나가 분자가 실제로 존재한다는 것을 밝혀낸 브

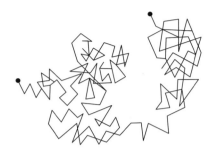

■ 브라운 운동의 모습

라운 운동에 관한 논문이었다.

영국의 식물학자 로버트 브라운은 1827년에 물 위에 떠 있는 꽃가루가 끊임없이 불규칙적인 운동을 한다는 것을 발견했다. 브라운은 유리, 금속, 암석과 같은 무기물질의 미세한 분말을 물 위에 뿌려도 꽃가루와 같이 불규칙적인 운동을 멈추지 않고 계속한다는 것을 밝혀냈다. 아인슈타인 이전의 물리학자들은 열에 의한 대류로 브라운 운동을 설명하려고 시도했지만 성공하지 못했다.

아인슈타인은 1905년에 발표한 『열 분자운동 이론이 필요한, 정지 상태의 액체 속에 떠 있는 작은 부유입자들의 운동에 관하여』에서 분자들의 운동을 바탕으로 브라운 운동을 설명했다.

아인슈타인은 주어진 시간 동안 입자가 움직인 거리를 측정하여 일정한 부피 안에 들어 있는 기체와 액체 분자들의 수를 계산할 수 있었다. 프랑스의 물리학자 장 밥티스트 페랭은 아인슈타인의 이론을 바탕으로 실험을 통해 1몰 안에 들어 있는 분자의 수를 측정했다. 페랭은 아보가드로의 수가 6.02×10^{23}이라는 것을 밝혀냈다. 전에는 탄소 12g 안에 들어 있는 분자의 수를 1몰이라고 했지만, 현재는 $6.02214076 \times 10^{23}$개의 분자나 원자를 1몰이라고 정의하여 사용하고 있다.

Quantum Mechanics

● 5장 ●

양자화된 에너지

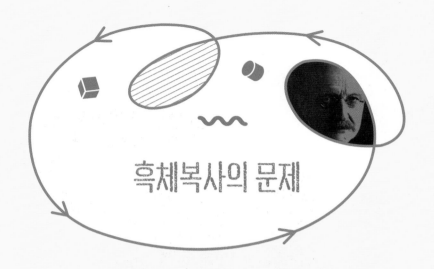

흑체복사의 문제

우리가 물체를 볼 수 있는 것은 물체에서 나온 빛이 우리 눈에 들어오기 때문이다. 물체가 빛을 내지 않으면 우리는 물체를 볼 수 없다. 캄캄한 밤에 불을 끄면 아무 것도 볼 수 없는 것은 우리 주변의 물체들이 우리가 볼 수 있는 빛을 내지 않기 때문이다. 그렇다면 물체는 어떻게 빛을 내고 있을까?

물체가 내는 빛은 크게 두 가지로 나눌 수 있다. 하나는 외부에서 오는 빛을 받아 반사하는 빛이다. 이런 빛을 반사광이라고 한다. 반사광은 물체 표면이 얼마나 빛을 잘 반사하는지, 그리고 어떤 빛은 흡수하고 어떤 빛은 반사하느냐에 따라 세기와 색깔이 달라진다. 나뭇잎이 녹색으로 보이는 것은 다른 빛은 흡수하고 녹색을 가장 많이 반사하기 때문이다. 하늘이 파란색인 것은 공기 분자들이 파란빛만을 흡수했다가 사방으로 뿌려놓기 때문이다. 이런 현상을 산란이라고 한다.

거울과 같은 물체는 표면에 도달한 빛의 대부분을 반사한다. 그러나 대부분의 물체는 표면에 도달하는 빛의 일부만을 반사한다. 밝게 보이는 물체는 표면에 도달하는 빛의 많은 부분을 반사하는 물체이고, 어둡게 보이는 물체는 표면에 도달한 빛의 많은 부분을 흡수하고 일부만 반사하는 물체이다. 만약 물체가 표면에 도달하는 빛을 모두 흡수해 버린다면 밝은 날에도 그 물체를 볼 수 없을 것이다. 우리 주변 물체를 볼 수 있는 것은 이 물체들이 표면에 도달하는 햇빛이나 전깃불빛의 일부를 반사하고 있기 때문이다.

■ 온도에 따른 색깔의 변화. 3000K 물체가 노란색으로 보이는 것은 노란 빛의 세기가 강하기 때문이고, 10000K 물체가 파란색으로 보이는 것은 파란 빛의 세기가 강하기 때문이다. 그러나 6000K의 물체는 모든 색깔의 빛을 골고루 내기 때문에 흰색으로 보인다.

그러나 물체의 온도가 높아지면 물체 스스로 빛을 내게 된다. 이런 빛을 복사광이라고 한다. 물체의 표면 상태에 따라 달라지는 반사광과는 달리 복사광의 종류와 세기는 물체의 온도에 따라 달라진다. 온도가 낮은 물체는 파장이 긴 붉은 빛을 내지만 온도가 높아짐에 따라 노란색으로 변하다가, 온도가 더 높아지면 흰색으로 보이고, 온도가 아주 높아지면 파란색으로 변한다.

만약 표면에 도달하는 빛을 모두 흡수하는 물체가 있다면 이런 물체에서는 복사광만이 나올 것이다. 표면에 도달하는 빛을 모두 흡수하고 복사광만 나오는 물체를 물리학에서는 흑체라고 한다. 검은색 물체가 빛을 가장 잘 흡수하기 때문에 모든 빛을 흡수하는 물체를 검은 물체라는 뜻의 흑체라고 부르게 된 것이다.

흑체가 내는 복사광이 물체의 온도에 따라 달라지는 것을 설명하는 것이 흑체복사의 문제이다.

물체는 한 가지 파장의 빛만을 내는 것이 아니라 모든 빛이 포함된 연속스펙트럼을 낸다. 온도에 따라 색깔이 다르게 보이는 것은 온도에 따라 가장 강하게 나오는 빛의 파장이 달라지기 때문이다. 온도가 3000℃ 정도 되는 물체는 적외선을 가장 많이 내고, 온도가 6000℃ 정도 되는 물체는 가시광선의 중간쯤에 있는 노란색 빛의 세기가 가장 강하기는 하지만 전체적으로 모든 가시광선을 내기 때문에 흰색으로 보인다. 그러나 온도가 더 높아지면 파란 빛의 세기가 가장 강하다. 온도가 더 높아지면 눈에 보이지 않는 자외선이 가장 강하게 나온다. 그리고 온도가 낮아지면 우리 눈에 보이지 않는 적외선이나 전파가 나온다. 우리 주변에

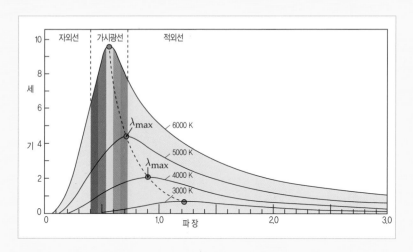

■ 복사곡선. 온도에 따라 가장 강하게 나오는 전자기파의 파장이 달라진다. 온도가 3000K인 물체에서는 적외선이 가장 강하게 나오고 파장이 긴 가시광선이 약하게 나오지만, 온도가 6000K인 물체에서는 가시광선이 가장 강하게 나온다.

있는 온도가 낮은 물체들은 주로 적외선과 전파를 내기 때문에 우리 주변에 있는 물체가 내는 복사광을 우리는 볼 수가 없다. 이것을 그래프로 나타낸 것이 복사곡선이다.

복사곡선을 보면 가장 강하게 나오는 빛의 파장이 온도가 높아질수록 짧아지고 온도가 낮아질수록 길어진다는 것을 알 수 있다. 다시 말해 가장 강하게 나오는 빛의 파장과 물체의 온도는 반비례한다. 그리고 가시광선을 가장 강하게 내는 온도는 6000K라는 것을 알 수 있다. 다시 말해 우리 눈은 온도가 6000K인 물체가 내는 빛을 가장 잘 볼 수 있다. 우리 주위에서 가장 밝은 빛을 내는 태양 표면의 온도가 약 6000K이기 때문이다.

물체가 내는 반사광이나 복사광에 대한 이런 사실들은 모두 실험을 통해 알게 된 것들이다. 복사곡선도 실험을 통해 얻은 결과였다. 19세기 말의 과학자들은 복사곡선을 그때까지 알려져 있던 물리 법칙들을 이용하여 설명하려고 시도했다. 그러나 많은 사람들의 노력에도 불구하고 복사곡선이 왜 그런 모양을 하고 있는지는 설명할 수 없었다.

그러나 1900년에 독일의 막스 플랑크가 그때까지 누구도 생각하지 못했던 방법으로 이 문제를 해결해냈다. 그가 생각해낸 방법은 그때까지의 물리학으로는 생각할 수 없는 방법이었다. 플랑크가 흑체복사 문제를 해결한 방법은 양자역학의 기초가 되었고, 난관에 부딪혔던 원자모형의 문제를 해결하는 실마리를 제공했다.

그렇다면 플랑크는 어떤 방법으로 흑체복사의 문제를 해결했을까? 그리고 그것은 양자역학과 어떤 관계가 있을까?

양자화된 에너지

∞ 독일의 뮌헨에서 고등학교를 졸업한 플랑크는 물리학을 공부하기로 마음먹고 뮌헨대학의 물리학 교수 필립 폰 졸리와 상담했다. 졸리 교수는 "물리학에서는 거의 모든 것이 발견되어 있어 이제 남은 것은 몇 개의 사소한 틈새를 메우는 일일뿐이다. 따라서 새로운 것을 발견하는 업적을 이루려면 물리학보다는 다른 분야를 공부하는 좋겠다"라고 말해주었다. 그러나 플랑크는 "새로운 것을 발견하는 것도 좋겠지만 이미 다른 사람들이 알아낸 것을 공부하고 이해하는 것만으로도 만족합니다"라고 대답하고 물리학과에 진학하여 졸리 교수에게 물리학을 배웠다. 그때는 졸리 교수나 플랑크 모두 플랑크가 양자역학이라는 새로운 역학의 기초를 만드는 사람이 될 것이라고는 상상도 하지 못했다.

졸리 교수의 지도를 받으며 실험을 하던 플랑크는 실험보다는 이론 연구에 더 큰 흥미를 느껴 이론물리학을 공부하기로 했다. 이론물리학은 실험결과를 분석하여 이론을 만들어내거나, 이론을 이용하여 실험결과를 설명하는 물리학이다. 박사학위를 받은 후 여러 대학에서 학생들을 가르치던 플랑크는 1889년에 베를린대학으로 옮겼다.

플랑크가 흑체복사 문제에 관심을 가지게 된 것은 베를린대학에 근무할 때부터였다. 당시에는 흑체복사 문제를 연구하는 사람들이 많이 있었다. 이론적 계산 과정을 거치지 않고 실험을 통해 얻은 결과로부터 식을 만들어내려고 시도하는 사람들도 있었고, 전자기파 이론을 이용하여 복사곡선을 나타내는 식을 유도하려는 사람들도 있었다.

그러나 이들은 복사곡선의 일부분만 설명할 수 있었을 뿐 전체적인 복사곡선을 얻어내는 데는 실패했다. 물체가 내는 빛을 연구하고 있던 물리학자들에게 이것은 매우 당황스러운 일이 아닐 수 없었다. 우리 주변에서 흔히 일어나는 일을 이론적으로 설명할 수 없다는 것은 그때까지 알려져 있던 물리 법칙이 완전하지 않거나, 물리 법칙을 충분히 이해하지 못하고 있다는 것을 뜻하는 것이었다.

흑체복사 문제에 관심을 가지게 된 플랑크는 전혀 다른 방법으로 이 문제에 접근했다. 플랑크는 1900년 12월 14일 독일 물리학회 학술회의에서 전자기파가 모든 에너지를 가질 수 있는 것이 아니라 특정한 양의 정수배의 에너지만을 가질 수 있다고 가정하면 복사곡선을 이론적으로 유도해낼 수 있다는 내용이 담긴 논문을 발표했다. 플랑크가 제안한 이론은 그때까지 알고 있던 전자기파에 대한 이론과 전혀 다른 것이었다.

원자론과 원소론이 다른 것은, 원자론은 물질이 더 이상 쪼갤 수 없는 가장 작은 알갱이가 있다는 것이었고, 원소론은 물질은 얼마든지 더 작게 쪼갤 수 있다는 것이었다. 20세기에는 원자도 더 쪼개진다는 것이 밝혀졌지만 원자를 이루고 있는 양성자, 중성자, 전자와 같은 알갱이들이 발견되어 물질이 알갱이로 이루어져 있다는 생각이 바뀐 것은 아니었다.

그러나 에너지와 같은 물리량은 얼마든지 작은 양도 가능하다는 것이 그때까지의 생각이었다. 에너지가 0인 물체가 외부에서 에너지를 흡수해 10이라는 에너지를 가지게 되었다면 이 물체는 0에서부터 시작해서 중간의 모든 값을 거친 다음 10이라는 에너지를 가지게 된다고 생각했다. 에너지가 연속적으로 증가한다고 생각했던 것이다. 전자기파를 비롯한 파동에너지는 얼마나 크게 흔들리느냐를 나타내는 진폭에 의해 결정된다. 따라서 진폭이 달라지면 모든 값의 에너지를 가질 수 있다고 생각했다.

그러나 이런 생각을 바탕으로 한 이론적 분석으로는 흑체복사 문제를 해결할 수 없다는 것을 알게 된 플랑크는 전자기파가 연속적인 에너지 값이 아니라 작은 에너지 덩어리의 정수배에 해당하는 에너지만 가질 수 있다고 가정했다. 에너지에도 원자의 경우와 마찬가지로 더 이상 쪼갤 수 없는 에너지 덩어리가 있다고 주장한 것이다. 그렇게 되면 에너지가 0에서 10까지 변할 때 중간의 모든 값을 가지는 것이 아니라 0, 1, 2, 3…10과 같이 띄엄띄엄한 값만 갖게 된다.

에너지가 이렇게 띄엄띄엄한 값만 가지는 것을 에너지가 양자화되었다고 말한다. 양자화되었다는 말은 에너지가 불연속적인 값만을 가질 수 있다는 것을 뜻한다. 이때 에너지의 최소 단위가 에너지 양자이다. 사람들 중에는 양자를 양성자와 혼동하는 사람들도 있는데 양성자는 원자핵 안에 들어 있는 입자이고, 양자는 에너지를 비롯한 물리량의 최소 단위를 말한다. 양성자를 한자로 쓰면 陽性子이고, 양자를 한자로 쓰면 量子이다. 量은 물리량(物理量)이라는 말에 들어 있는 양이다.

양자역학을 한자로는 量子力學이라고 쓴다. 이것은 양자역학이 연속적인 값을 갖는 물리량이 아니라 띄엄띄엄한 값만 가지는 물리량을 다루는 역학이라는 의미이다. 뉴턴역학에서 다루는 물리량은 모두 연속적으로 변하는 물리량이다. 따라서 뉴턴역학으로는 띄엄띄엄한 값만 가지는 양자화된 물리량을 다룰 수 없다. 이런 물리량을 다루기 위해서 뉴턴역학과는 다른 새로운 역학이 필요하게 되었다.

플랑크는 복사곡선을 이론적으로 만들어내기 위해서는 에너지의 최소 단위의 크기가 $6.6 \times 10^{-34} J \cdot sec$여야 한다는 것을 알아냈다. 이것을 플랑크 상수라고 부르고 h라는 문자로 나타낸다. 우리가 일상생활을 하는 동안에 에너지가 양자화되어 있는 것을 느끼지 못하는 것은 에너지의 가장 작은 덩어리인 플랑크 상수가 이렇게 작은 양이기 때문이다. 따라서 자동차를 타고 달릴 때 자동차의 에너지가 계단식으로 증가한다고 해도 우리는 에너지가 연속적으로 증가한다고 느낀다. 그것은 마치 분자라는 작은 알갱이로 이루어진 물을 연속된 물

나는 에너지가 덩어리를 이루고 있다는 생각을 그렇게 심각하게 생각하지 않았어요. 흑체복사 문제를 해결하기 위해 여러 가지 생각을 하다가 그런 생각을 하게 된 거였고, 그것이 결국은 흑체복사 문제를 해결했어요. 하지만 이것을 무슨 대단한 새로운 생각이라고 생각하지는 않았어요. 누군가가 왜 에너지가 덩어리를 이루고 있는지를 기존의 물리학으로 설명할 수 있을 거라고 생각했지요.

그런데 이것이 양자역학이라는 새로운 물리학의 출발점이 되었다니 놀라울 뿐입니다. 고전 물리학을 가장 신뢰하고 있던 내가 결국은 고전 물리학을 무너뜨리는 데 앞장 선 셈이지요.

플랑크

질이라고 느끼며 살아가는 것과 같다.

아인슈타인의 일생을 기록한 전기에는 아인슈타인이 에너지 양자화 가설에 대해 다음과 같이 이야기했다고 기록하고 있다.

"에너지가 양자화되어 있다는 이야기는 참으로 이상한 이야기이다. 목이 마르다고 생각해보자. 가게에 가면 맥주를 한 병이나 두 병 살 수 있다. 가게에서 반 병이나 3분의 1병의 맥주를 살 수 없다는 것은 누구나 알고 있다. 그러나 맥주를 병 단위로만 판매한다고 해서 맥주의 최소량이 한 병인 것은 아니다. 꼭지가 달린 큰 통의 맥주를 사서 꼭지를 돌리면 얼마든지 적은 양의 맥주를 마실 수 있다. 그러나 양자 가설에 의하면 꼭지를 돌려도 맥주가 1병 분량씩 밖에는 나오지 않는다는 것이다. 이것은 도저히 이해할 수 없는 현상이었지만 흑체복사 문제를 설명하는 데는 성공적이었다."

그러나 플랑크는 자신이 제안한 양자화 가설을 바탕으로 성립된 양자역학을 탐탁하게 생각하지 않았다. 그럼에도 불구하고 양자화 가설은 뉴턴역학을 바탕으로 하는 고전물리학과는 전혀 다른 양자역학을 탄생시키는 계기가 되었으며 플랑크의 과학적 업적 중에서 최고의 업적이 되었다. 플랑크는 에너지 양자 가설을 제안한 공로로 1918년에 노벨 물리학상을 받았다.

광전효과의 문제

∞ 1900년에 플랑크가 양자화 가설을 제안하여 흑체복사의 문제를 해결했지만 사람들은 에너지가 양자화되어 있다는 양자화 가설에 큰 관심을 보이지 않았다. 플랑크 자신도 이 가설을 흑체복사 문제를 해결하기 위한 임시방편쯤으로 생각했기 때문이었다. 따라서 1900년에 플랑크의 논문이 발표된 후 1905년까지 양자화 가설을 다룬 논문은 더 이상 발표되지 않았다.

그러나 스위스 베른에 있는 특허사무소에 근무하고 있던 아인슈타인은 에너지 양자 가설을 진지하게 받아들였다. 아인슈타인이 1905년에 양자화 가설을 바탕으로 광전효과의 문제를 해결한 후 사람들은 양자화 가설을 하나의 가설이 아니라 물리적 사실로 받아들이게 되었다. 그렇다면 아인슈타인이 해결한 광전효과의 문제는 무엇이었을까?

물체에 전자기파를 비췄을 때 전자가 튀어나오는 현상을 광전효과라고 하고, 이때 나온 전자를 광전자라고 한다. 물질에 열을 가해도 전자가 나오는데 이런 전자는 열전자라고 부른다. 이것은 전자의 종류가 다른 것이 아니라 물질 안에 잡혀 있던 전자를 떼어내는 데 어떤 에너지를 사용했느냐에 따라 구분하여 부르는 것뿐이다.

광전효과와 관련된 현상이 발견된 것은 오래 전의 일이었다. 그러나 과학자들이 광전효과에 관심을 가지고 여러 가지 실험을 하기 시작한 것은 1888년에 독일의 하인리히 헤르츠가 전자기파를 발견한 후부터였다. 이때까지는 가시광선이나 자외선을 비추었을 때 금속에서 나오는 것이 무엇인지 모르고 있을 때였다.

가시광선이나 자외선을 비출 때 전자가 나온다는 것을 알아낸 사람은 전자를 발견한 조셉 톰슨이었다. 그는 1899년에 크룩스관을 이용하여 자외선을 금속에 비추었을 때 나오는 광전자에 대한 여러 가지 실험을 했다. 그는 맥스웰의 전자기파 이론을 이용하여 전자기파가 원자를 진동시키게 되고, 원자의 진동이 어떤 한계를 넘으면 원자 속에 들어 있던 전자가 튀어나온다고 설명했다.

1902년에는 독일의 물리학자 필리프 레나르트가 금속에 비춘 빛의 진동수가 커지면 튀어나오는 전자의 에너지가 커지지만, 같은 진동수의 빛을 강하게 비춰도 전자의 에너지가 달라지지 않는다는 것을 발견했다. 진동수가 다르다는 것은 빛의 색깔이 다르다는 것을 뜻한다. 빨간색은 진동수가 작은 빛이고 보라색은 진동수가 큰 빛이다. 레나르트가 발견한 것은 광전자의 에너지가 빛의 세기와는 관계없이 빛의 색깔에 따라서만 달라진다는 사실이었다. 같은 빛을 비춰주었

을 때는 세기와 관계없이 광
전자의 에너지도 같았다.

이것은 고전 전자기이론으
로는 설명할 수 없는 현상이
었다. 고전 전자기이론에 의
하면 광전자의 에너지는 빛의
진동수가 아니라 빛의 세기
에 따라 달라져야 했다. 세기
가 강한 빛이 더 많은 에너지

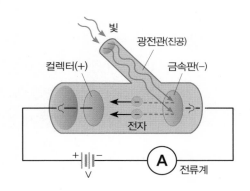

■ 광전효과 실험장치

를 전자에 전달하기 때문에 더 많은 에너지를 가진 전자가 나와야 했
다. 그러나 레나르트의 실험결과는 고전 전자기학의 예측과는 달랐
다. 레나르트는 왜 그런 현상이 나타나는지를 설명할 수 없었다. 금
속에 전자기파를 비춰주었을 때 나오는 광전자의 에너지가 전자기
파의 세기가 아니라 전자기파의 파장에 의해 결정되는 것을 설명하
는 문제가 광전효과의 문제였다. 아인슈타인은 플랑크가 제안한 양
자화 가설을 이용하여 광전효과의 문제를 해결했다.

아인슈타인의 광량자설

∞ 독일에서 태어났지만 스위스 연방공과대학에 진학하여 물리
학을 공부한 후 스위스 베른에 있는 특허사무소에서 근무하고 있던

아인슈타인은 아인슈타인의 기적의 해라고 불리는 1905년에 과학의 흐름을 바꾼 세 편의 논문을 발표했다. 세 편 중 첫 번째로 발표한 논문이 1905년 6월에 발표한 논문으로 광전효과의 문제를 광량자의 개념을 도입하여 해결한 논문이었다. 아인슈타인이 1921년에 노벨 물리학상을 수상한 것은 바로 이 논문 때문이었다.

아인슈타인은 물체가 내는 복사선의 에너지가 일정한 값의 정수배로만 방출된다고 주장한 플랑크의 양자화 가설로부터 빛이 에너지 알갱이가 아닐까 하는 생각을 하게 되었다. 빛이 알갱이라면 빛의 에너지도 빛 한 알갱이가 가지고 있는 에너지의 정수배로만 흡수되거나 방출되어야 했다. 아인슈타인은 빛 알갱이를 광량자라고 했다.

앞에서 양자量子는 물리량의 가장 작은 단위를 나타내는 말이라고 했다. 따라서 광량자光量子는 빛이 가지고 있는 에너지 알갱이라는 뜻이 된다. 다시 말해 광량자라는 말은 빛이 연속적인 에너지를 가지는 것이 아니라 불연속적인 값만을 가질 수 있다는 것을 의미한다. 후에는 광량자라는 말 대신 빛 알갱이를 의미하는 광자라는 말을 사용하게 되었다. 아인슈타인은 진동수가 f인 광자의 에너지는 hf라고 했다. 진동수와 파장을 곱한 값은 항상 빛의 속력(c)이므로 광자의 에너지를 파장(λ)을 이용하여 나타내면 hc/λ가 된다.

빛이 파동이냐 아니면 입자냐 하는 논쟁은 17세기부터 시작된 논쟁이었다. 그러나 18세기에 빛은 파동 중에서도 전자기파라는 것이 밝혀졌다. 따라서 아인슈타인이 활동하던 20세기 초에는 빛을 입자라고 생각하는 사람은 아무도 없었다. 그러나 아인슈타인은 전자기파의 에너지가 일정한 값의 정수배로만 주고받을 수 있다는 플랑크의 양자화 가설을 검토하고 빛을 에너지 알갱이라고 생각하게 된 것이다.

아인슈타인은 빛이 입자라는 사실을 증명해줄 실험결과를 찾던 중 1900년에 레나르트가 했던 광전효과 실험에 대하여 알게 되었다. 광전효과 실험에서는, 금속에 특정한 파장보다 긴 파장을 가지는 빛은 아무리 강하게 비추어도 전자가 튀어나오지 않지만 파장이 짧은 빛은 약하게 비춰 주어도 전자가 튀어나왔다. 같은 빛을 비춰 주었을 때 튀어나온 전자가 가지는 운동에너지는 빛의 세기에 관계없이 모두 같았다. 강한 빛을 비춰주면 튀어나오는 전자의 개수는 늘어났지만 전자 하나가 가지는 에너지는 늘어나지 않았다. 그리고 광전자의 에너지는 빛의 세기와는 관계없이 빛의 파장에 의해 결정되었다.

아인슈타인은 빛이 파장에 따라 달라지는 에너지를 가지는 알갱이인 광량자라고 하면 이 문제들을 모두 해결할 수 있다는 것을 알아냈다. 빛 알갱이는 전자와 1대1 충돌을 통해 전자를 금속에서 떼어낸다. 두 개의 빛 알갱이가 동시에 하나의 전자에 충돌하여 금속으로부터 전자를 떼어내는 일도 있을 수 있지만 그런 일이 일어날 가능성은 1대1 충돌에 비해 아주 적다. 따라서 빛 알갱이 하나가 전자를 금속에서 떼어내는 데 필요한 충분한 에너지를 가지고 있지 않으면 전자를 금속에서 떼어낼 수 없다. 금속에 붙잡혀 있는 전자를 떼어내기 위해서는 전자가 금속을 탈출하는 데 필요한 에너지를 공급해 주어야 하기 때문이다.

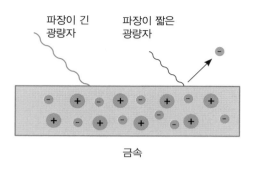

파장이 긴
광량자

파장이 짧은
광량자

금속

■ 파장에 따라 다른 에너지를 가지는 광량자와 전자의 1대
1 충돌에 의해 광전자가 나온다고 하면 광전효과를 잘 설명할
수 있다.

작은 에너지를 가지고 있는 파장이 긴 빛 알갱이는 아무리 많이 있어도 전자를 떼어낼 수 없다. 다시 말해 파장이 긴 빛은 아무리 세기가 강해도 전자를 떼어낼 수 없다. 그러나 파장이 짧은 빛 알갱이는 큰 에너지를 가지고 있어 쉽게 전자를 금속에서 떼어낼 수 있다.

빛 알갱이가 가지고 있던 에너지 중 일부는 전자를 금속에서 떼어내는 데 사용되고 나머지는 광전자의 에너지가 된다. 따라서 파장이 짧은 빛 알갱이는 큰 에너지를 가진 광전자를 방출할 수 있지만 파장인 긴 빛 알갱이는 전자를 떼어낸다고 해도 전자가 작은 에너지만을 가질 수 있다. 광전자의 에너지가 빛 알갱이의 파장에 의해서만 결정되는 것은 이 때문이다. 빛이 강하다는 것은 같은 에너지를 가진 빛 알갱이가 많다는 뜻이므로 더 많은 수의 광전자를 만들어낼 수는 있지만 광전자 하나의 에너지가 증가하지는 않는다. 빛이 파장에 의해서만 결정되는 에너지 알갱이라는 광량자설은 이렇게 광전효과와 관련된 모든 문제를 설명할 수 있었다.

전자기파의 에너지가 연속적인 양이 아니라 최소 단위의 정수배인 값만 가질 수 있다는 플랑크의 양자화 가설이 광전효과를 통해 다시 한 번 확인된 것이다. 플랑크가 흑체복사의 문제를 해결하기 위한 빛이 파동이면 빛은 모든 에너지를 가질 수 있어요. 그렇게 되면 파장이 긴 빛도 강하게 비추면 전자가 튀어나와야 됩니다. 그러나 광전효과 실험에 의하면 파장이 긴 빛은 아무리 강하게 비춰도 전자가 나오지 않아요.

나는 이 문제를 해결하기 위해 많은 생각을 하다가 빛이 파장에 따라 다른 에너지를 가지는 알갱이라면 어떨까 하는 생각을 하게 됐어요. 빛 알갱이와 전자가 1대1로 충돌한다고 가정하니까 광전효과와 관련된 모든 문제가 해결됐어요. 빛은 전자와 충돌할 때 알갱이처럼 행동하는 게 틀림없어요.

아인슈타인

임시방편으로 도입한 양자화 가설이 사실은 전자기파의 고유한 성질이었던 것이다.

광량자설을 이용한 광전효과의 설명으로 빛이 알갱이로 전자와 상호작용한다는 것이 밝혀졌다. 그러나 간섭이나 회절과 같은 현상을 통해 확인된 빛의 파동에 관한 성질이 이로 인해 없어진 것은 아니었다. 광전효과 실험에서는 빛이 알갱이처럼 행동하는 것이 확실하지만 간섭이나 회절 실험에서는 빛이 아직도 파동으로 행동하고 있었다. 그렇다면 빛은 파동일까 아니면 입자일까?

아인슈타인은 빛이 파동과 입자의 성질을 모두 가지고 있다고 주장했다. 이것을 빛의 이중성이라고 한다. 입자는 질량을 가지고 있고 위치를 확정할 수 있다. 그러나 파동은 질량을 가지고 있지 않으며 위치를 정확하게 결정할 수 없다. 따라서 입자와 파동은 전혀 다른 것이라고 생각해왔다. 그런데 빛은 두 가지 성질을 모두 가지고 있다는 것이 확인된 것이다. 빛의 에너지가 양자화되어 있다는 사실과 함께 빛이 입자와 파동의 이중성을 가지고 있다는 것은 원자와 같이 작은 세상이 우리가 알고 있는 세상과는 전혀 다른 세상이라는 것을 나타내고 있었다.

20세기 이전에는 과학자들이 뉴턴역학이나 전자기학 이론으로 모든 자연현상을 설명할 수 있을 것이라고 생각했다. 원자보다 작은 세상도 크기만 작을 뿐 뉴턴역학과 전자기학 법칙이 적용되는 세상일 것이라고 생각한 것이다. 그러나 원자보다 작은 세상은 우리가 알고 있는 물리 법칙과는 다른 법칙이 적용되는 전혀 다른 세상이라는 증거들이 나타나기 시작한 것이다.

어쩌면 난관에 봉착한 원자모형의 문제도 원자에서 일어나는 일들을 우리가 알고 있는 기존의 물리 법칙으로 설명하려고 시도했기 때문에 나타난 문제일 수도 있었다. 에너지가 양자화되어 있다는 양자화 가설을 이용하여 러더퍼드 원자모형이 가지고 있던 문제를 해결하고 원자가 내는 스펙트럼을 설명하는 데 성공한 사람은 덴마크의 젊은 물리학자 닐스 보어였다.

적외선 온도 센서의 원리

전염병이 도는 경우에는 공항이나 병원의 출입구에 적외선 카메라를 배치해 놓고 출입하는 사람들의 체온을 측정한다. 체온이 높은 사람들을 가려내 정밀 검사를 하기 위해서이다. 그런가 하면 병원이나 가정에서 사용하는 온도계 중에도 적외선을 이용하여 온도를 측정하는 온도계가 많다. 적외선 카메라나 온도계는 어떻게 직접 접촉하지도 않고도 체온을 측정할 수 있을까?

적외선 카메라가 사람들의 체온을 측정하는 원리는 별의 색깔을 보고 별의 온도를 알아내는 방법과 크게 다르지 않다. 표면 온도가 높은 별은 파란빛을 가장 강하게 내기 때문에 파란색으로 보이고, 온도가 낮은 별은 빨간빛을 가장 강하게 내기 때문에 빨간 별로 보인다. 따라서 별의 색깔만 알면 별의 표면 온도를 알 수 있다.

■ 별의 색깔이 다른 것은 표면 온도가 다르기 때문이다.

　　만약 별 표면의 온도를 정확하게 측정하고 싶으면 분광기를 이용하여 별빛을 여러 가지 색깔의 빛으로 분산시킨 다음 어떤 파장의 빛이 가장 세기가 강한지를 측정하면 된다. 세기가 가장 강한 빛의 파장이 온도에 반비례하기 때문에 세기가 가장 강한 빛의 파장만 알면 온도를 알 수 있다. 이런 방법을 이용하면 멀리 있는 별 표면의 온도도 아주 정확하게 알 수 있다.

　　절대온도가 0도가 아닌 모든 물체는 전자기파를 낸다. 온도가 6000℃ 부근의 물체는 우리 눈에 보이는 가시광선을 내지만, 우리 주변에 있는 물체와 같이 온도가 낮은 물체는 우리 눈에 보이지 않는 적외선을 낸다. 사람의 체온은 36.5℃ 정도이다. 이 온도에서는 우리 눈에 보이지 않는 적외선이 나온다. 적외선에도 가시광선과 마찬가지로 파장이 다른 여러 가지 적외선이 있고, 세기가 가장 강한 적외선의 파장이 온도에 반비례한다.

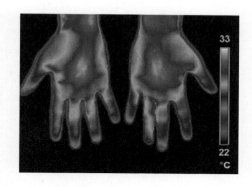

■ 적외선 카메라를 이용하면 우리 몸의 온도 분포를 쉽게 알 수 있다.

따라서 사람의 몸에서 나오는 적외선을 여러 파장의 적외선으로 분산시킨 다음 가장 세기가 강한 적외선의 파장을 알아내면 온도를 알 수 있다. 적외선 카메라나 적외선 온도계는 이런 일들을 빠르게 해내고 그 결과를 숫자로 알려주거나 온도 분포를 나타내는 그림으로 보여준다. 적외선 카메라는 몸 전체의 온도 분포를 측정하는 데도 사용된다. 몸 전체 온도 분포는 혈액이 얼마나 잘 순환되고 있는지, 또는 어느 부분에 염증이 있는지와 같은 정보도 알려준다.

● 6장 ●

보어의 원자모형

보어와 발머의 식

생리학 교수의 아들로 태어나 코펜하겐대학 물리학과에 진학하여 학사, 석사, 박사학위를 받은 닐스 보어는 전자를 발견한 톰슨의 지도를 받기 위해 1911년에 영국 케임브리지대학의 캐번디시 연구소로 갔다. 톰슨은 당시 캐번디시 연구소의 소장으로 있었다. 케임브리지에서 보어는 맨체스터대학에 있으면서 자주 케임브리지를 방문하던 러더퍼드를 만났다.

러더퍼드는 1909년에 했던 금박 실험결과를 분석하여 1911년에 원자핵이 원자의 중심에 자리 잡고 있고, 그 주위를 전자가 돌고 있는 원자모형을 제안했다. 그러나 러더퍼드의 원자모형은 원자핵을 발견한 것을 제외하면 많은 문제를 가지고 있었다. 러더퍼드는 그러한 문제점을 잘 알고 있었다. 그는 자신의 원자모형이 가지고 있는 문제들을 해결할 수 있는 새로운 원자모형을 함께 연구할 사람을 찾고 있었다.

케임브리지에서 보어와 원자모형에 대해 많은 이야기를 나눈 러더퍼드는 더

보어 선생,
나와 함께 원자모형에 대해 연구해 봅시다.
원자의 중심에 원자핵이 있는 것은 확실한데 그 외에는
아무 것도 확실하지 않아요. 문제는 원자핵 주위를 돌고
있는 전자예요. 전자가 빠르게 원자핵 주위를 돌고
있으면서도 전자기파를 내지 않는 이유를 도대체
알 수 없다니까요.

러더퍼드

원자에 대한 연구라면 한 번 해보고 싶습니다!
내가 이전에 했던 연구에 의하면 원자 세계에는 우리가
알고 있는 물리 법칙이 잘 적용되지 않는 것 같아요.
아무래도 획기적인 생각의 전환이 필요한 것
아닐까요?

보어

나은 원자모형을 함께 만들어보자고 보어를 맨체스터대학으로 초청했다. 사려 깊고 뛰어난 분석 능력을 가지고 있던 보어와 뛰어난 실험 물리학자였으며 명랑하고 활발한 성격이었던 러더퍼드는 좋은 연구 팀을 이루었다.

보어는 러더퍼드의 불안정한 원자를 안정하게 유지할 수 있는 방법을 알아내려고 시도했다. 왜 원자핵 주위를 돌고 있는 전자가 전자기파를 방출하고 원자핵으로 빨려 들어가지 않는 것일까? 어떻게 원자는 안정한 상태를 유지할 수 있을까? 보어는 이 문제를 해결하기 위해 플랑크가 흑체복사의 문제를 해결하기 위해 제안했고, 아인슈타인이 광전효과를 설명하기 위해 사용했던 양자화 가설을 원자에 적용해보기로 했다.

양자화 가설에 의하면 에너지를 비롯한 물리량이 연속적인 양으로 존재하거나 주고받을 수 있는 것이 아니라 특정한 양의 정수배로만 존재하고 주고받을 수

있다. 보어는 빛이 모든 에너지 값을 가지는 것이 아니라 일정한 양의 정수배가 되는 에너지만 가질 수 있는 것과 마찬가지로 원자핵을 돌고 있는 전자도 띄엄띄엄한 에너지만 가질 수 있는 것이 아닐까 하는 생각을 하게 되었다. 그러나 전자가 어떤 에너지는 가질 수 있고 어떤 에너지는 가질 수 없는지를 알 수가 없었다.

새로운 원자모형을 만들기 위해 고심하고 있던 1912년 2월에 한 분광학 전문가가 보어를 찾아왔다.

"보어 박사님, 제가 궁금한 것이 있어 찾아 왔습니다. 박사님은 혹시 발머의 수소 스펙트럼 식에 대해 들어보신 적이 있는지요? 저는 수소 스펙트럼의 파장이 왜 이런 식으로 나타나야 하는지를 도저히 이해할 수 없습니다."

보어는 그때 처음으로 발머의 식에 대해 들었기 때문에 매우 당황했다.

"발머의 식이라니요? 저는 처음 듣는 이야기인데요."

그러자 그 분광학 전문가는 "그럼 발머가 발표했던 논문 사본을 드리고 갈 테니 읽어보시고 이 식이 무엇을 뜻하는지 아시게 되면 연락주세요"라고 말하면서 발머의 식이 들어 있는 논문을 건네주고 갔다.

그 사람이 간 후 보어는 발머의 논문을 차근차근 읽어 보았다. 거기에는 수

보어

수소 원자가 내는 빛의 파장을 몇 개의 정수 조합으로 나타낸 발머의 식을 보는 순간 원자핵을 돌고 있는 전자가 어떤 에너지를 가져야 하는지가 분명해졌어요. 그때까지 고심하던 문제들이 한 순간에 모두 해결된 느낌이었지요. 그 다음부터는 새로운 원자모형을 만드는 일이 일사천리로 진행되었어요. 우연한 기회에 발머의 식을 알게 된 것은 나에게는 큰 행운이었지요.

소 원자가 내는 스펙트럼의 파장을 정수의 조합을 이용하여 나타낸 식이 들어 있었다.

보어는 에너지가 양자화되어 있다는 플랑크와 아인슈타인의 연구 결과와 발머의 식을 이용하여 원자핵 주위를 돌고 있는 전자들이 어떤 에너지를 가져야 하는지, 그리고 어떻게 안정한 원자를 만드는지를 설명하는 새로운 원자모형을 제안했다. 보어가 제안한 원자모형은 수소 원자가 내는 모든 스펙트럼을 성공적으로 설명할 수 있었다.

그렇다면 발머의 식은 새로운 원자모형을 만드는 데 어떻게 사용되었을까? 그리고 보어가 만든 새로운 원자모형은 어떤 것이었을까?

보어의 원자모형

∞ 그동안의 연구를 통해 기존의 물리학 이론으로는 원자 안에서 일어나는 일들을 설명할 수 없다는 생각을 하게 된 보어는 더 이상 기존의 물리학 이론에 얽매이지 않기로 했다. 그는 실험결과를 설명하기 위해 기존의 물리학 이론과는 맞지 않는 가설을 과감히 도입했다. 양자화 가설을 바탕으로 하여 기존의 물리학과는 다른 새로운 역학을 만드는 작업을 시작한 것이다. 보어가 만든 새로운 가설은 다음과 같았다.

> 가설 1. 전자는 특정한 궤도에서만 원자핵을 돌 수 있고, 이 궤도에서 원자핵을 도는 동안에는 전자기파를 방출하지 않는다.
> 가설 2. 전자가 한 궤도에서 다른 궤도로 건너뛸 때만 전자기파를 방출하거나 흡수한다.

보어가 원자핵 주위를 돌고 있는 전자들에 적용하기 위해 만든 두 가지 가설은 기존의 전자기학 법칙에 어긋나는 것이었다. 전자와 같이 전하를 띤 입자가 원운동을 하면 전자기파를 방출하고 에너지를 잃어야 한다는 것이 기존 전자기학의 설명이었다. 이것은 우리나라 포항에도 설치되어 있는 방사광 가속기에서 여러 가지 실험에 사용되는 엑스선을 만들어내는 원리이다. 방사광 가속기에서는 빠른 속력으로 진공 터널 안을 돌고 있는 전자가 방출하는 엑스선을 이용하여 여러 가지 실험을 한다.

그러나 보어는 원자핵 주위를 돌고 있는 전자가 특정한 궤도에서 원자핵을 도는 동안에는 전자기파를 방출하지 않으며 따라서 에너지를 잃지도 않는다고 가정했다. 그리고 전자가 안정한 상태에서 원자핵을 돌 수 있는 궤도는 하나가 아니라 여러 개 있다고 했다. 전자는 여러 개의 궤도 중 하나에서 원자핵을 돌고 있다는 것이다. 전자가 돌 수 있는 궤도가 띄엄띄엄 떨어져 있는 것은 전자가 가질 수 있는 에너지가 양자화되어 있기 때문이다.

다시 말해 원자 안에 있는 전자는 모든 값의 에너지를 가질 수 있는 것이 아니라 띄엄띄엄한 값의 에너지만을 가져야 하며, 그 에너지에 해당하는 궤도에서만 원자핵을 돌 수 있다. 일정한 궤도 위에서만 원자핵을 돌아야 하는 전자는 이 궤도를 벗어날 수 없기 때문에 에너지를 잃고 원자핵으로 빨려 들어갈 수가 없다. 왜 일정한 궤도를 벗어나면 안 되는지를 설명할 수는 없었지만 그렇게 하면 안정한 상태의 원자가 존재할 수 있었다.

두 번째 가설은 원자가 특정한 파장의 스펙트럼만을 내는 것을 설명하기 위한 가설이었다. 전자가 특정한 값의 에너지를 가지는 궤도에서만 원자핵 주위를 돌고 있다면, 전자가 빛을 내기 위해서는 한 궤도에서 다른 궤도로 건너뛰면서 두 궤도의 에너지 차이에 해당하는 빛을 방출해야 한다. 그렇게 되면 전자가 모든 파장의 빛을 내는 것이 아니라 궤도 에너지의 차이에 해당하는 에너지를 갖는 전자기파만을 내게 된다. 전자가 m번째 궤도에서 n번째 궤도로 건너 뛸 때 나오는 빛의 에너지는 다음과 같다.

빛의 에너지(hf) = m번째 궤도의 에너지(E_m) - n번째 궤도의 에너지(E_n)

따라서 수소 원자에서 나오는 빛의 진동수는 다음과 같은 식으로 나타낼 수 있다.

$$f = \frac{E_m}{h} - \frac{E_n}{h}$$

그러나 이 식을 이용하여 수소 원자가 내는 빛의 진동수나 파장을 알기 위해서는 전자가 들어갈 수 있는 궤도의 에너지를 알아야 한다. 다시 말해 전자가 어떤 에너지를 가질 수 있는지를 알아야 한다. 이 문제의 해답은 발머의 식이 가지고 있었다. 수소 원자가 내는 빛의 파장을 정수의 조합으로 나타낸 발머의 식은 다음과 같다.

$$f = \frac{Rc}{m^2} - \frac{Rc}{n^2}$$ $(R$: 실험을 통해 결정할 수 있는 상수, c: 빛의 속력)

전자가 가지는 에너지를 알아내는 방법을 몰라 고심하고 있던 보어가 분광학 전문가가 건네준 논문에서 발머의 식을 보는 순간 수소 원자핵 주위의 n번째 궤도를 도는 전자가 다음과 같은 에너지를 가져야 한다는 것을 알아차렸다.

$$E_n = \frac{Rhc}{n^2}$$

첫 번째 궤도를 도는 전자의 에너지는 $E_1 = Rhc$이고, 두 번째 궤도를 도는 전자의 에너지는 $E_2 = Rhc/4$이며, 다섯 번째 궤도를 도는 전자의 에너지는 $E_5 = Rhc/25$가 된다. 이로써 원자는 안정한 상태에 있을 수 있게 되었고, 특정한 파장의 빛만을 낼 수 있게 되었다. 발머의 식에서 $n=2$이고 $n=3, 4, 5, 6$이

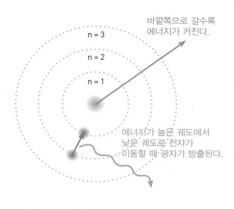

• 보어의 원자모형

었던 것은 발머가 발견한 네 개의 선스펙트럼이 각각 세 번째, 네 번째, 다섯 번째, 그리고 여섯 번째 궤도에 있던 전자가 두 번째 궤도로 떨어질 때 내는 빛이었기 때문이었다.

보어의 이러한 생각은 고전 물리학의 경계를 과감하게 뛰어넘은 것이었다. 전자가 특정한 궤도 위에서 원자핵을 돌 때는 에너지를 잃지 않고, 한 궤도에서 다른 궤도로 건너뛸 때만 에너지를 얻거나 잃는다는 것은 고전 물리학으로는 설명할 수 없는 현상이었다. 전자가 한 궤도에서 다른 궤도로 건너뛰면서 빛을 방출하는 과정 역시 상식적으로는 이해하기 어려운 것이었다.

고전 물리학에 의하면 에너지를 잃거나 얻을 때는 연속적으로 에너지가 증가하거나 감소하여야 한다. 따라서 에너지가 변하는 동안 중간의 모든 값을 거쳐야 한다. 그러나 보어가 제안한 원자모형에서는 전자가 일정한 양의 에너지 덩어리를 내보내거나 흡수하고, 중간

단계를 거치지 않고 다음 에너지 준위로 건너뛴다. 중간 과정을 거치지 않고 한 상태에서 다른 상태로 건너뛰는 것을 양자 도약이라고 부른다.

양자 도약은 마치 1층에서 2층으로 올라갈 때 계단으로 올라가거나 밧줄을 타고 올라가는 것이 아니라 1층에서 사라지고 그 순간에 2층에서 나타나는 것과 같은 것이었다. 보어는 원자의 세계를 이해하기 위해서는 실험결과를 설명할 수 있으면 상식에 맞지 않는 현상도 받아들여야 한다고 생각했다.

보어

원자보다 작은 세상도 크기만 작을 뿐 우리가 살아가고 있는 세상과 크게 다르지 않을 것이라고 생각했어요. 그러나 우리가 알고 있는 물리학으로는 원자가 내는 스펙트럼과 주기율표를 설명할 수 없다는 것을 알게 되었어요. 그것은 원자보다 작은 세상은 크기가 작을 뿐만 아니라 우리가 지금까지 알고 있던 물리 법칙과는 다른 물리 법칙이 적용되는 전혀 다른 세상이라는 것을 의미합니다.

보어의 새로운 원자모형은 원자의 세계가 고전 물리학을 떠나 양자역학이 지배하는 세상으로 들어가는 분기점이 되었지만, 아직 양자역학에 도달하기까지는 갈 길이 많이 남아 있었다. 보어의 원자모형은 우리 상식으로는 설명할 수 없는 양자 세상으로 들어가는 입구에 불과했다.

보어는 새로운 원자모형이 포함된 『원자 및 분자의 구성에 관해서』라는 제목의 논문을 1913년에 발표했다. 이 논문을 통해 발표된 보어의 원자모형은 아직 초보적인 것이었고 수정할 부분이 많이 남아 있었지만 원자의 구조를 이해하는 데 크게 공헌하였다. 보어의 원자모형이 처음 제안되었을 때 많은 사람들이 수소 원자가 내는 스펙트럼의 파장을 성공적으로 계산해낸 보어의 놀라운 발상에 찬사를 보냈다.

그러나 보어가 얻어낸 결론을 그다지 신뢰하지 않는 사람들도 많았다. 보어의 원자모형이 수소에서 나오는 네 개의 선스펙트럼을 이용해 만든 발머의 식에 바탕을 두고 있었기 때문이었다. 그들은 몇 개의 예로부터 이끌어낸 법칙을 일반적인 법칙으로 볼 수 없다고 생각했다. 따라서 전자들이 가질 수 있는 에너지를 계산하는 좀 더 일반적인 방법을 찾아내야 했다. 이 일을 하는 데 도움을 준 사람은 아놀드 조머펠트였다.

조머펠트의 고전 양자론

∞ 보어의 원자모형을 발전시키는 데 큰 도움을 준 아놀드 조머펠트는 독일 쾨니히스베르크에서 태어나 대학에서 수학과 물리학을 공부했다. 그 후 뮌헨대학의 교수로 있으면서 현대 물리학의 기초를 닦는 데 크게 공헌한 많은 제자들을 길러냈다. 1930년대에 독일어를 사용하던 이론물리학 교수들 중 3분의 1이 조머펠트의 제자였다는

이야기가 전해진다. 정작 조머펠트 자신은 노벨상을 받지 못했지만 그의 제자들 중에는 네 명이나 노벨상을 받았다.

조머펠트는 보어의 원자모형을 일반화하는 방법을 찾기 시작했다. 다시 말해 전자가 가지는 에너지를 일반적인 법칙으로부터 유도해내는 방법을 찾기 시작한 것이다. 그러나 그러한 일반적인 법칙을 뉴턴역학이나 전자기학의 법칙으로부터 유도할 수는 없었다. 보어의 원자모형은 이미 뉴턴역학이나 전자기학 법칙으로부터 멀어져 있기 때문이었다. 따라서 그는 전자의 에너지를 계산할 수 있는 일반적인 법칙을 새로 만들어내야 했다.

많은 시행착오를 거친 후 조머펠트는 1915년과 1916년 사이에 주기운동을 하는 경우 한 주기 동안 운동량을 적분한 값이 플랑크 상수의 정수배가 되어야 한다고 가정하면 전자가 가질 수 있는 에너지를 계산할 수 있음을 알아냈다. 보어의 원자모형에서 원자핵 주위를 돌고 있는 전자의 경우에는 전자의 각운동량을 한 주기 동안 적분한 값이 플랑크 상수의 정수배가 되는 궤도에서만 원자핵을 돌고 있을

조머펠트

나는 보어의 원자모형을 좀 더 완전한 것으로 만드는 데 일반적인 법칙을 찾아내려고 노력했어요. 오랜 생각 끝에 주기 운동의 경우 운동량을 한 주기 동안 적분한 값이 특정한 값의 정수배인 운동만 가능하다고 하면 모든 문제가 해결될 것 같았어요. 왜 이 값이 특정한 값의 정수배가 돼야 하는지는 알 수 없었지만요.

수 있다는 것이다. 이것을 조머펠트의 양자화 조건이라고 한다.

조금 어려운 말들이 나왔지만 걱정할 필요는 없다. 조머펠트의 이런 설명을 고전 양자역학이라고 부르는데, 그것은 고대에 만들어졌다는 뜻이 아니라 새로운 양자역학이 등장하기 이전에 잠깐 나왔다 들어간 양자역학이라는 뜻이다. 옳지 않은 것으로 밝혀진 조머펠트의 고전 양자역학 이야기를 하는 것은 양자역학이 등장하기까지 얼마나 많은 시행착오를 거쳤는지를 보여주기 위해서이다. 올바른 과학적 결과는 어느 날 갑자기 천재 과학자가 만들어내는 것이 아니라 이런 시행착오 과정을 거쳐서 나오게 마련이다.

결국은 정확하지 않은 것으로 밝혀졌지만 조머펠트의 양자 조건은 보어의 원자모형을 이론적으로 설명하는 데는 매우 효과적이었다. 조머펠트의 양자 조건은 전자가 가지는 에너지만 양자화되어 있는 것이 아니라 전자의 각운동량도 띄엄띄엄한 값만을 가질 수 있음을 나타내는 것이었다.

원운동하는 물체의 각운동량은 질량(m)에다 속력(v)을 곱한 다음 원운동의 궤도 반지름(r)을 곱한 값, 즉 mvr이다. 이 값을 한 바퀴 적분하면 $2\pi mvr$이 된다. 조머펠트는 이 값이 플랑크 상수의 정수배가 되는 궤도에서만 전자가 원자핵 주위를 돌고 있다고 생각한 것이다 ($2\pi mvr = nh$). 조머펠트는 이 식을 이용하여 전자 궤도의 에너지를 계산할 수 있었고, 그 결과는 보어가 발머의 식으로부터 얻은 에너지와 같았다.

조머펠트는 양자 조건이 왜 성립해야 하는지를 설명하지는 못했다. 그러나 양자 조건을 가정하면 수소 원자에서 나오는 스펙트럼을 설명할 수 있었다. 수소 원자가 내는 스펙트럼을 설명할 수 있다는 것만으로도 양자 조건이 필요한 충분한 이유가 된다고 생각했다. 양자 조건이 왜 성립해야 하는지 그리고 그것이 무엇을 뜻하는지는 차츰 밝혀내면 될 것이라고 생각했다.

발머가 실험결과로부터 만들어낸 식으로 전자의 에너지를 구하는 것보다는 양자 조건을 이용하여 이론적으로 전자의 에너지를 계산하는 것이 더 그럴 듯해 보였고, 더 과학적인 방법처럼 보였다. 따라서 조머펠트의 양자 조건이 보어 원자모형에 추가되자 보어의 원자모형에 관심을 보이는 사람들이 많아졌고, 빠르게 원자를 설명하는 이론으로 받아들여지게 되었다.

수소 스펙트럼

∞ 보어의 원자모형과 조머펠트의 양자 조건을 이용해 수소 원자핵 주변을 돌고 있는 전자가 가질 수 있는 에너지가 얼마나 되는지, 그리고 수소 원자에서 나오는 빛에 어떤 종류가 있는지를 어떻게 설명할 수 있는지에 대해 알아보자.

에너지를 이야기하기 위해서 우선 중력에 의한 위치에너지에 대해 알아보자. 높은 곳에 있는 물체는 큰 위치에너지를 가지고 있고, 낮은 곳에 있는 물체는 작은 위치에너지를 가지고 있다. 땅 바닥에

놓여 있는 물체의 위치에너지를 0
이라고 하면 언덕 위에 있는 물체
의 위치에너지는 0보다 크고, 하늘
높이 떠 있는 물체의 위치에너지
는 아주 큰 값이 될 것이다. 그렇다
면 지하에 있는 물체의 위치에너지
는 얼마가 되어야 할까? 지하에 있
는 물체의 위치에너지는 0보다 작
을 것임으로 음수 값을 가져야 한
다. 땅 바닥의 위치에너지를 0이라
고 잡았기 때문이다.

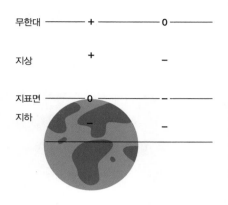

■ 위치에너지는 어디를 기준으로 하느냐에 따라 부호가
달라진다. 무한대를 기준으로 하면 모든 곳에서 위치에
너지의 값이 음수가 된다.

　만약 지구 중심을 기준으로 잡으면 물체가 어디에 있어도 항상 0
보다 큰 위치에너지를 가지게 될 것이다. 반면에 지구에서 아주 멀리
떨어진 점을 기준으로 잡는다면 모든 물체의 위치에너지가 음수로
나타내질 것이다. 어디를 기준으로 잡는 것이 좋을까? 물리학에서는
지구에서 무한대 떨어진 점을 기준으로 잡는 것을 좋아한다. 따라서
중력에 의한 위치에너지는 항상 음수 값으로 나타내진다.

　멈춰 서 있지 않고 운동하는 물체는 운동에너지를 가진다. 운동에
너지는 항상 0보다 큰 값이다. 물체가 가지고 있는 총 에너지는 위치
에너지와 운동에너지를 합한 값이다. 총에너지가 0보다 큰 물체는 지
구 중력을 벗어날 수 있다. 그러나 총에너지가 음수 값을 가지고 있
는 물체는 지구 주위를 돌아야 한다.

지금까지 중력이 작용하고 있는 지구 주위를 돌고 있는 물체의 에너지에 대해 이야기했다. 그러나 양전하를 띠고 있는 원자핵과 음전하를 띤 전자 사이에도 거리 제곱에 반비례하는 전기력이 작용하기 때문에 지구 중력이 작용하고 있는 물체가 가지는 것과 똑같은 형태의 총에너지를 가질 수 있다.

다시 말해 수소 원자핵 주위를 도는 전자의 총에너지는 음수 값으로 나타내진다. 위치에너지의 기준을 원자핵에서 아주 멀리 떨어진 점으로 잡았기 때문이다. 만약 다른 점을 기준으로 잡으면 0보다 큰 값으로 나타낼 수도 있다. 중요한 것은 에너지 준위 사이의 차이이기 때문에 에너지가 음수로 나타내지거나 양수로 나타내지는 것은 큰 문제가 되지 않는다.

알고 있는 값들을 이용하여 전자가 가지고 있는 운동에너지와 위치에너지의 합이 어떤 값을 가지는지 계산해보면 그 결과는 다음과 같다.

$$E_1 = -13.6 \times 1.6 \times 10^{-19}(J) = -13.6{(eV)}$$

$$E_2 = \frac{13.6}{2^2} \times 1.6 \times 10^{-19}(J) = -3.4{(eV)}$$

$$E_3 = \frac{13.6}{3^2} \times 1.6 \times 10^{-19}(J) = -1.51{(eV)}$$

$$-$$

$$-$$

$$E_n = \frac{13.6}{n^2} \times 1.6 \times 10^{-19}(J) = \frac{13.6}{n^2}{(eV)}$$

여기서 eV는 전자볼트라고 읽는데 아
주 작은 에너지를 다룰 때 사용하는 에너
지의 단위이다. 궤도 번호를 나타내는 1,
2, 3, 4…를 양자수라고 한다. 양자수는 양
자화된 에너지의 크기를 결정하는 수라는
뜻이다.

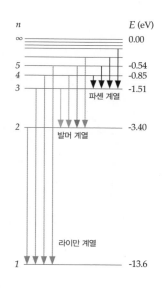

■ 보어의 원자모형에 따른 스펙트럼 계열

그런데 이 계산 결과에 의하면 에너지
준위 사이의 간격이 일정하지 않다. 처음
에는 간격이 넓다가 위로 갈수록 좁아져
나중에는 거의 붙어 버린다. 따라서 위에
있는 궤도에서 1번 궤도로 떨어질 때 가
장 큰 에너지를 가지는 전자기파가 나온
다. 이런 전자기파는 우리 눈으로 볼 수 없는 자외선이 된다. 자외선
도 어느 궤도에서 떨어졌느냐에 따라 파장이 조금씩 다른 여러 개의
자외선이 있다. 이들을 라이만 계열이라고 부른다.

그리고 위에 있는 궤도에서 두 번째 궤도로 떨어질 때는 그 다음
크기의 에너지를 가지고 있는 전자기파가 나온다. 이 전자기파가 바
로 발머가 발견했던 가시광선 영역에 속하는 선스펙트럼들이다. 이
들을 발머 계열이라고 부른다.

위로 갈수록 에너지 준위 사이의 간격이 좁아지기 때문에 이런
에너지 궤도 사이에서 나오는 전자기파는 에너지가 작아 우리 눈에
보이지 않는 적외선이 된다. 그러나 적외선을 내는 영역에도 많은 에

너지 준위가 있기 때문에 적외선에 속하는 전자기파들도 여러 개의 계열로 분류할 수 있다.

조머펠트의 양자 조건으로 무장한 보어의 원자모형은 수소 원자가 내는 전자기파의 파장을 아주 잘 설명해냈을 뿐만 아니라 수소 전자가 내는 전자기파가 여러 개의 계열을 이루고 있다는 것도 성공적으로 설명해냈다. 이것은 대단한 성공이었다. 보어의 원자모형은 원자 세계로 향하는 올바른 길로 들어선 것이 틀림없었다. 그러나 아직 모든 것이 해결된 것은 아니었다.

부양자수의 도입

∞ 수소가 내는 전자기파를 자세하게 조사한 과학자들은 수소 스펙트럼에 보어의 원자모형으로는 설명할 수 없는 현상이 포함되어 있다는 것을 알게 되었다. 수소를 자기장이나 전기장에 넣고 실험을 하면 하나의 선으로 보였던 빛이 여러 개의 가느다란 빛으로 갈라졌던 것이다. 이것은 하나의 궤도에도 전기장이나 자기장이 없을 때는 같은 에너지를 가지지만 자기장이나 전기장 안에서는 다른 에너지를 가지는 다른 상태가 존재한다는 것을 의미했다. 같은 궤도를 돌고 있는 전자들의 상태가 똑 같다면 이런 일이 일어나지 않아야 했다.

조머펠트와 보어는 이런 문제를 해결하기 위해 에너지의 크기를 결정하는 양자수 외에 또 다른 양자수를 제안했다. 이렇게 해서 전자

의 상태를 나타내는 양자수가
두 개가 되어 에너지의 크기를
나타내는 양자수는 주양자수라
고 부르게 되었고, 두번째 양자
수는 부양자수라고 부르게 되
었다. 보어와 조머펠트는 전자
의 상태를 주양자수(n)와 부양
자수(k)를 이용하여 n_k라는 기
호로 나타냈다.

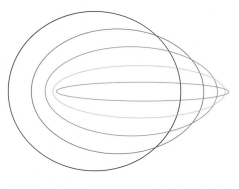

■ 보어와 조머펠트가 도입한 부양자수는 궤도의 모양과 관련
이 있었다.

　조머펠트의 설명에 의하면 전자는 원 궤도 위에서 원자핵을 도
는 것이 아니라 타원 궤도를 따라 원자핵을 돌고 있는데 주양자수가
같으면 궤도의 장축의 길이가 같아 비슷한 에너지를 가진다. 부양자
수는 초점에 근접하는 거리와 관련이 있다. 따라서 주양자수(n)가 같
고 부양자수(k)가 다르면 조금 다른 에너지를 가지게 되어 같은 궤도
에서 떨어지는 전자가 내는 스펙트럼의 에너지가 조금씩 달라진다는
것이다.

　후에 주양자수와 부양자수에 대한 조머펠트의 이런 설명은 옳지
않은 것으로 밝혀졌지만 원자의 상태를 나타내기 위해 주양자수 외
에 또 다른 양자수가 필요하다는 그의 생각은 옳은 것이었다. 후에
실험을 통해 확인된 전자의 상태를 나타내기 위해 부양자수 외에도
2개의 양자수가 더 추가되었다. 원자핵 주위를 돌고 있는 전자는 생
각보다 훨씬 복잡한 양자역학적 상태를 가지고 있었던 것이다.

파울리의 배타원리

∞ 원자를 이용한 여러 가지 실험이 이루어지면서 원자핵 주위를 돌고 있는 전자의 상태를 나타내는 데는 모두 네 가지 양자수가 필요하다는 것을 알게 되었다. 그러나 아직 네 가지 양자수가 가지는 의미를 충분히 이해하지 못하고 있었다. 첫 번째 양자수인 주양자수는 에너지 준위를 나타내는 것이었고, 두 번째 양자수는 전자 궤도의 기하학적 모양과 관계있다고 생각했으며, 세 번째 양자수는 자기장 안에서 스펙트럼이 여러 개의 선으로 갈라지는 현상과 관계가 있다고 생각했다. 그리고 네 번째 양자수는 전자의 스핀과 관계있다고 추정하고 있었다.

이 양자수들이 어떤 물리량들을 결정하는 수인지를 정확하게 이해할 수 있게 된 것은 양자역학이 성립된 후의 일이다. 전자의 상태를 나타내는 네 가지 양자수가 어떤 물리량과 관련된 양자수인지에 대해서는 뒤에서 다시 자세하게 이야기할 예정이다.

네 가지 양자수가 존재한다는 것은 같은 주양자수를 가지는 전자들도 여러 가지 다른 양자역학적 상태에 있을 수 있다는 것을 의미했다. 네 가지 양자수는 n, l, m, s와 같은 기호를 이용하여 나타내는데 주양자수인 n이 같고 다른 양자수가 다르면 에너지는 같지만 다른 물리량들은 다른 값을 가지는 양자역학적 상태에 있는 전자들이다.

보어의 원자모형이 수소 원자가 내는 스펙트럼을 성공적으로 설명해냈지만 그것으로 원자의 내부 구조를 모두 알아냈다고 할 수는 없었다. 원자의 내부 구조를 연구하는 과학자들이 해결해야 할 또 하나의 문제가 아직 남아 있었다. 그것은 주기율표의 원소들이 규칙적으로 배열하는 것을 설명하는 일이었다.

주기율표를 설명하기 위해 오스트리아 출신의 물리학자 볼프강 파울리가 파울리의 배타원리를 제안했다. 배타원리는 하나의 양자역학적 상태에 전자가 하나 이상 들어갈 수 없다는 원리이다. 배타원리 역시 이전의 물리학으로는 설명할 수 없는 새로운 개념이었다.

전자의 에너지 크기를 나타내는 주양자수가 건물의 몇 번째 층인지를 나타낸다고 가정해보자. 각 층에는 다른 양자수들에 의해 정해진 일정한 수의 방들이 있다. 파울리의 배타원리는 한 방에는 하나의 전자만 들어갈 수 있다는 원리이다. 여러 개의 전자들이 있는 경우 가장 안정한 상태가 되기 위해서는 전자들이 가능하면 낮은 층에 있는 방에 들어가야 한다. 그렇다면 이제 전자들을 1층에 있는 방부터 채워보자. 1층 방이 다 찬 다음에는 전자가 2층에 있는 방으로 올라가야 한다. 그리고 2층이 다 찬 다음에는 3층으로 올라가야 한다. 이렇게 전자를 아래층부터 채워가다 보면 맨 위층에 들어가 있는 전자의 수가 주기적으로 변하게 된다.

그런데 원자의 화학적 성질은 전체 전자의 수에 의해서가 아니라 맨 위층에 들어가 있는 전자의 수에 의해 결정된다. 원자들을 원자번호의 순서로 배열한 주기율표에서 원소의 화학적 성질이 주기적으로 반복되어 나타났던 것은 이 때문이었다. 이렇게 해서 원소들이 주기율표에 규칙적으로 배열되는 것을 성공적으로 설명할 수 있게 되었다.

그러나 보어의 원자모형은 아직 해결해야 할 많은 문제들을 가지고 있었다. 조머펠트의 양자 조건이나 파울리의 배타원리가 왜 성립해야 하는지도 설명할 수 없었고, 원자가 내는 빛의 세기를 설명할 수도 없었다. 그리고 네 가지 양자수가 어떤 물리량을 결정하는지도 확실하게 설명하지 못하고 있었다. 보어의 원자모형은 대단한 성공을 거둔 원자모형이었지만 이런 문제들을 해결하기 위해서는 본격적인 양자역학이 등장할 때까지 기다려야 했다.

파울리

전자의 상태를 정확하게 나타내기 위해서는 네 가지 양자수가 필요하다는 것이 분명해졌어요. 그렇다면 전자는 어떤 양자수를 가질 수 있을까요?
주기율표를 설명하기 위해서는 전자들이 모두 다른 양자수를 가져야 한다는 것을 알게 되었어요. 왜 그래야 하는지는 차츰 밝혀질 것이라고 생각해요.

누가 먼저 총을 쏠까?

원자모형을 제안하여 원자 세계의 비밀을 밝혀내는 일에 앞장섰던 닐스 보어는 뛰어난 이론 물리학자였지만 매우 활동적인 사람이어서 사람들로부터 들은 이야기들을 직접 실험을 통해 확인해보는 것을 좋아했다. 축구를 좋아했던 보어는 그의 형과 함께 덴마크에서는 축구로도 유명했다. 보어는 축구뿐만 아니라 스키, 자전거 타기, 보트 타기를 좋아했으며 탁구 실력도 선수에 못지않았다. 그는 물리학 연구에 몰두해 있는 동안에도 시간이 나는 대로 하이킹, 스키, 배타기를 통해 신체를 단련시켰다.

매사에 적극적이고 활동적이었던 보어는 재미난 일화들을 많이 남겼다. 보어는 어느 날 친구와 거리를 걷다가 길가에 있는 큰 건물을 보고 맨손으로 그 건물의 꼭대기까지 올라갈 수 있느냐를 놓고 내기를 했다. 보어는 끝까지 올라가려면 매 층마다 어디를 통해 어떻게 올라가면 된다고 설명하면서 꼭대기까지 올라갈 수 있다고 주장했다. 하지만 친구는 그것은 이론일 뿐 실제로 올라가는 것은 가능하지 않다고 했다.

이론만으로는 문제의 답을 찾을 수 없다고 생각한 보어는 입고 있던 복장 그대로 건물을 올라가기 시작했다. 그러자 주변에 사람들이 몰려들고 경찰이 출동했다. 경찰은 보어를 체포했다. 그러나 그가 유명한 물리학자라는 것을 알고 더 이상 문제 삼지 않았다.

보어가 소장으로 있던 이론물리학 연구소에는 세계 여러 나라로부터 많은 과학자들이 방문했다. 후에 빅뱅 우주론을 만든 조지 가모브도 한 동안 이론물리학 연구소에 머문 적이 있었다. 두 사람은 모두 서부영화를 좋아했다. 보어는 카우보이 영화를 보면서 쉽게 납득할 수 없는 사실을 발견했다. 흰 모자를 쓴 주인공과 검은 모자를 쓴 악당이 총싸움을 하면 악당이 먼저 총으로 손을 가져가는데 쓰러지는 것은 항상 흰 모자를 쓴 주인공이었다.

사람들은 영화이기 때문에 주인공이 항상 이기는 것이라고 생각했다. 주인공이 죽어 영화가 끝나버리면 안 되기 때문에 주인공은 항상 살아남아야 한다는 것이다. 그러나 보어의 생각은 달랐다. 보어는 어떤 것을 보고 반사적으로 그것에 반응하는 사람이 언제 움직여야 할지를 결정하고 행동하는 사람보다 실제로 빠를 수도 있다고 생각했다. 보어와 가모브는 실험을 통해 그것을 확인해보기로 했다.

두 사람은 물총과 카우보이 모자를 사서 실험을 했다. 보어는 나중에 총을 뽑는 주인공 역할을 맡았고, 가모브는 악당 역할을 맡았다. 먼저 총으로 손을 가져간 가모브가 먼저 총을 쏘았을까, 아니면 가모브의 손이 움직이는 것을 보고

후후, 그래봐야 결국 내가 이길 걸!!

내가 먼저 움직여서 이겨버릴 거야!!

■ 서부 영화에서는 항상 먼저 움직인 악당보다 나중에 움직인 주인공이 이긴다.

총을 쏜 보어가 먼저 쏘았을까? 두 사람이 물총을 쏘며 실험을 해본 결과는 두 사람 모두 죽는다는 것이었다. 그들은 먼저 총으로 손을 가져가는 악당이 결코 유리하지는 않다고 결론지었다.

후에 어떤 사람이 권투 선수들을 이용하여 이와 비슷한 실험을 했다. 그 결과 먼저 팔을 뻗는 사람보다 상대방이 팔을 뻗는 것을 보고 반사적으로 팔을 뻗는 사람이 더 유리하다는 것을 알게 되었다. 생각하고 행동하는 것보다 아무 생각 없이 반사적으로 행동하는 것이 더 빠르다는 것이 입증된 것이다.

 7장

물질파 이론과
슈뢰딩거 방정식

+ +
+ - - + -
+ -

물리학자가 된 왕자

영국에서는 과학자들이 뛰어난 과학적 업적을 이루면 왕이 기사로 임명한다. 기사로 임명된 과학자들의 이름 앞에는 그가 기사라는 것을 나타내는 Sir이라는 존칭이 붙는다. 영국의 앤 여왕에게서 기사작위를 받은 뉴턴의 이름 앞에도 Sir이라는 존칭이 붙어 있다. 따라서 우리나라에서 출판된 책에는 이들을 뉴턴 경이나 톰슨 경처럼 경이라는 존칭을 붙이는 경우가 있다. 하지만 영국 과학자에게만 이런 호칭을 사용하는 것이 자연스럽지 않아 이런 호칭을 사용하지 않는 사람들이 더 많다.

그런데 물리학자들 중에는 이름 앞에 공식적으로 Prince라는 호칭을 사용했던 사람이 있다. 우리말로 번역하면 왕자라는 뜻이다. 이런 호칭을 사용했던 사람은 양자역학 발전에 크게 기여한 프랑스의 루이 드브로이였다. 드브로이는 장군, 정치가, 외교관을 많이 배출한 프랑스 드브로이 공작 가문의 둘째 아들로 태어났다. 1960년 형이 죽은 후에는 공작 지위를 물려받아 공작 7세가 되었다. 공작

이 된 후에 드브로이의 정식 이름은 루이 빅토르 피에르 레몽 7세 공작 드브로이 Louis Victor Pierre Raymond, 7th duc de Broglie였다.

드브로이와 그의 형 모리스 드브로이가 외교관이나 정치가를 배출해온 가문의 전통과 달리 물리학을 공부한 것은 파격적인 일이었다. 파리에 있는 저택에 훌륭한 실험 시설을 갖추어 놓고 원자핵에 대한 실험을 했던 형 모리스 드브로이는 널리 알려진 실험 물리학자였다. 모리스 드브로이는 해군 장교로 근무하면서 프랑스 군함에 무선 전신 장치를 설치하기도 했다. 군을 제대한 후 파리대학에서 물리학 박사학위를 받은 모리스 드브로이는 노벨상 후보로 거론될 정도로 비중 있는 물리학자가 되었다.

모리스 드브로이는 17살이나 어렸던 동생 루이 드브로이에게 상대성이론이나 양자 이론에 대해 많은 이야기를 해주었다. 가문의 전통에 따라 외교관이 되기 위해 역사학을 공부하여 1910년에는 역사학으로 학사학위까지 받았던 드브로이가 물리학에 관심을 가지게 된 것은 형의 영향 때문이었다. 드브로이는 1913년에 소르본느대학에서 물리학 학사학위를 받았다.

대학을 졸업한 후 드브로이는 군에 입대했다. 처음에는 1년 동안 군에 복무할 예정이었지만 1914년에 제1차 세계대전이 발발하자 5년 동안이나 군에 복무하게 되었다. 군에 있는 동안에는 에펠탑에 있던 무선국에서 근무했다. 무선국에 근무하는 동안 드브로이는 맥스웰 전자기학 이론을 공부하면서 군에서 사용하고 있던 장비를 이용해 여러 가지 실험을 했다. 전쟁이 끝난 후 군을 제대한 드브로이는 다시 물리학 공부를 시작했다. 그러나 드브로이는 형과는 달리 실험보다는 이론물리학에 더 흥미를 느꼈다.

드브로이는 1924년 11월에 『양자에 대한 연구』라는 제목의 박사학위 논문

나는 처음 역사학을 공부했지만 물리학에 더 큰 관심을 가지게 되었어요. 형이 물리학에 대해 많은 이야기를 해주었기 때문이에요. 그러나 실험을 좋아했던 형과는 달리 나는 이론물리학이 더 재미있었어요. 다른 사람이 생각하지 못했던 것을 생각하고 이를 바탕으로 새로운 이론을 만들어내는 것은 아주 멋진 일이라고 생각했어요.

드브로이

을 심사위원회에 제출했다. 심사위원들이 이 논문을 심사했지만 합격 여부를 판정할 수 없었다. 그가 제출한 논문의 내용은 심사위원들에게도 생소한 내용이었을 뿐만 아니라 상식적으로 받아들이기 어려운 것이었다. 그렇다고 논문의 논리적 전개에서 잘못을 찾아낼 수도 없었다.

심사위원 중 한 사람이 베를린에 있던 아인슈타인에게 이 논문의 내용을 설명하고 조언을 구했다. 그러자 아인슈타인은 논문을 보내달라고 했다. 드브로이의 논문을 받아본 아인슈타인은 이 논문의 중요성을 곧 알아차렸다. 아인슈타인은 드브로이가 자연을 가리고 있던 비밀의 한 자락을 열어 젖혔다고 평가했다. 아인슈타인이 크게 칭찬하자 심사위원들은 드브로이에게 박사학위를 수여하기로 결정했다.

다음 해인 1925년 1월 아인슈타인은 드브로이의 논문 내용을 설명하는 논문을 발표했다. 아인슈타인의 지지를 받자 드브로이의 논문은 많은 사람들의 주목을 받게 되었다. 여러 명의 실험 물리학자들이 실험을 통해 드브로이의 주장이 옳다는 것을 증명했다. 이로 인해 드브로이는 박사학위 논문을 발표하고 5년 뒤인 1929년에 노벨 물리학상을 받았다. 드브로이의 박사학위 논문으로 인해 양자역학이 새롭게 도약하는 토대가 마련되었다.

그렇다면 드브로이 왕자가 쓴 박사학위 논문의 내용은 무엇이었을까? 그리고 그것이 양자역학 발전에 어떤 도움을 주었을까?

물질파 이론

∞ 에너지 양자와 광량자에 대해 관심을 가지고 있던 드브로이는 박사학위 논문을 위한 연구 주제로 양자 이론을 선택했다. 드브로이는 보어의 원자모형에서부터 시작했다. 보어의 원자모형에는 각운동량을 한 주기 동안 적분한 값이 플랑크 상수의 정수배가 되어야 한다는 조머펠트의 양자 조건이 포함되어 있었다.

그러나 누구도 왜 이 값이 플랑크 상수의 정수배가 되어야 하는지를 설명하지 못하고 있었다. 그뿐만 아니라 양자 조건을 만족하는 궤도 위에서 원자핵을 도는 전자는 왜 전자기파를 방출하지 않는지도 설명하지 못하고 있었다. 드브로이는 빛이 입자와 파동의 성질을 가지는 것과 같이 전자도 파동의 성질을 가진다고 생각하면 이 문제를 해결할 수 있을지도 모른다고 생각했다.

아인슈타인의 광전효과 설명으로 빛이 파동과 입자의 성질을 모두 가지고 있다는 것은 널리 알려져 있었다. 드브로이는 빛이 이중성을 가지고 있다면 원자보다 작은 입자들도 파동과 입자의 성질을 모두 가지고 있는 것이 아닐까, 하고 생각했다. 이중성이 빛만의 특수한 성질이 아니라 자연의 일반적인 성질일지도 모른다고 생각한 것이다.

문제는 전자와 같은 입자의 파장을 구하는 일이었다. 드브로이는 보어의 원자모형에서부터 시작했다. 보어의 원자모형에서는 전자가 특정한 궤도 위에서만 원자핵 주위를 돌 수 있었다. 드브로이는 전자

가 특정 궤도 위에서만 원자
핵 주위를 돌 수 있는 것이
전자의 파장과 관련이 있을
것이라고 생각했다.

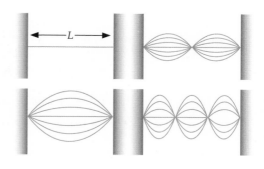

양쪽 끝을 고정한 줄을
튕기면 줄이 진동하면서 여
러 가지 소리를 낸다. 그런데

■ 양 끝이 고정된 줄은 특정한 파장으로만 진동할 수 있다.

이때 모든 파장의 소리가 나오는 것이 아니라 줄의 길이가 반 파장의
정수배가 되는 소리만 난다. 이것은 현악기를 다루는 사람들이라면
누구나 알고 있는 사실이다. 여기서 힌트를 얻은 드브로이는 전자 궤
도의 둘레가 전자 파장의 정수배가 되는 것이 아닐까 하는 생각을 하
게 되었다. 첫 번째 궤도의 둘레는 전자의 파장과 같고, 두 번째 궤도
의 둘레는 전자 파장의 두 배이며, 세 번째 궤도의 둘레는 전자 파장
의 세 배가 될 것이라고 가정한 것
이다.

보어의 원자모형을 이용하면 전
자 궤도의 반지름, 그 궤도를 도는
전자의 에너지를 구할 수 있었으므
로 이 값들을 이용하면 전자의 파장
을 계산할 수 있었다. 이렇게 구한
전자의 파장은 다음과 같았다.

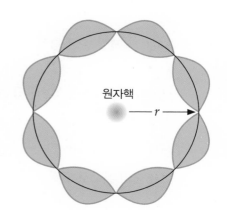

■ 전자 궤도의 둘레가 전자 파장의 정수배가 된다.

$$\lambda = \frac{h}{mv} \left(\begin{array}{l} \lambda: \text{전자의 파장, } h: \text{플랑크 상수} \\ m: \text{전자의 질량, } v: \text{전자의 속력} \end{array} \right)$$

물리학에서는 질량과 속력을 곱한 값을 운동량이라고 부른다. 따라서 이식은 전자의 파장이 플랑크 상수를 운동량으로 나눈 값과 같다는 것을 나타냈다. 이런 결과를 얻은 드브로이는 전자와 같은 입자들도 파동의 성질을 가지고 있으며 그 파장은 h/mv라는 내용이 포함된 박사학위 논문을 제출했다.

빛이 파동과 입자의 이중성을 가지고 있다는 것만으로도 당황스러워 하던 과학자들은 전자나 양성자, 그리고 중성자와 같은 입자들도 파동의 성질을 가지고 있다는 주장에 놀라지 않을 수 없었다. 그러나 아인슈타인이 이 이론을 지지하자 많은 사람들이 물질파 이론에 관심을 가지게 되었다.

실험을 통한 증명

∞ 전자와 같은 입자들도 입자의 성질과 함께 파동의 성질도 가진다는 물질파 이론은 순수한 이론적 추론이었다. 따라서 전자가 실제로 파동의 성질을 가지는지를 알아내기 위해서는 실험을 통해 그것을 확인해야 했다.

드브로이가 물질파 이론을 제안한 후 많은 과학자들이 전자의 파동성을 측정하기 위한 실험을 시작했다. 전자가 파동처럼 회절 현상을 나타낸다는 것을 처음 알아낸 사람은 미국의 클린턴 데이비슨과 레스터 저머였다. 그들은 1927년 3월에 니켈 결정을 이용한 실험을 통해 전자의 회절 현상을 확인하는 데 성공했다.

원자들이 규칙적으로 배열되어 있는 결정에서 각 원자들에 의해 산란된 빛이 한 점에 모였을 때 밝고 어두운 무늬가 반복되어 나타난다는 것은 이미 실험을 통해 확인되어 있었다. 이때 밝고 어두운 무늬가 나타나는 각도는 빛의 파장에 따라 달라진다.

데이비슨과 저머는 빛 대신 전자를 가지고 같은 실험을 했다. 그 결과 전자도 빛과 같이 밝고 어두운 무늬를 만들었으며, 이런 무늬를 이용하여 계산한 전자의 파장은 드브로이 식을 이용하여 계산한 값과 같았다. 이것은 물질파 이론이 옳다는 실험적 증거였다.

1927년 11월에는 전자를 발견한 톰슨의 아들인 패짓 톰슨이 알루미늄, 금, 셀룰로이드 등의 분말을 이용하여 전자 회절 사진을 찍는 데 성공했다. 이 회절 무늬를 이용하여 계산한 전자의 파장 역시 드브

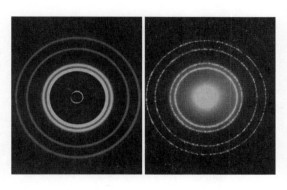

■ 알루미늄 호일에 엑스선을 쪼였을 때의 회절 무늬(좌)와 같은 호일에 비슷한 파장을 가지는 전자를 쪼였을 때의 회절 무늬(우)

로이가 제안한 식으로 계산한 값과 같았다. 이 실험으로 패짓 톰슨은 1937년에 데이비슨, 저머와 함께 노벨 물리학상을 공동으로 수

상했다.

이로 인해 전자와 같은 입자들도 파동의 성질을 가진다는 것이 확실해졌다. 이렇게 해서 원자보다 작은 세계의 신비 중 하나가 밝혀진 것이다.

우리의 감각은 우리가 살아가는 데 불편이 없을 정도만큼만 정확하다. 우리는 정확하지 않은 감각 경험을 통해 알게 된 사실을 절대적인 진리인 것처럼 생각해왔다. 그래서 우리 상식에 맞지 않는 것은 옳지 않다거나 비정상적인 것이라고 단정했다. 그러나 우리의 감각이 미치지 못하는 작은 세계에서는 우리의 감각 경험과 다른 일들이 벌어지고 있었던 것이다. 물질파 이론은 이런 세상으로 한 발 더 다가가는 발판이 되었다.

슈뢰딩거 방정식

∞ 드브로이의 물질파 이론을 바탕으로 양자역학의 기본적인 틀을 만든 사람은 오스트리아의 물리학자 에르빈 슈뢰딩거였다. 슈뢰딩거는 드브로이의 물질파 이론을 받아들여 전자를 파동으로 다루기로 했다. 그는 전자가 가지고 있는 입자의 성질보다 파동의 성질이 더 기본적인 성질이라고 생각했다. 파동은 파장, 진동수, 진폭과 같은 양들을 가진다. 따라서 어떤 파동인지 알기 위해서는 파장, 진동수, 진폭과 같은 양들을 알아야 한다. 파동과 관련된 이런 양들을 포함하

고 있는 식을 파동함수라고 한다.

파동함수를 알면 파동이 어떤 속력으로 전파되는지, 에너지가 얼마나 되는지, 파장이 얼마인지를 알 수 있다. 따라서 전자가 어떤 파동인지 알기 위해서는 전자의 행동을 나타내는 파동함수를 알아야 한다. 원자핵 주위를 돌고 있는 전자들의 에너지가 다른 것은 각각의 궤도에 있는 전자들의 파동함수가 다르기 때문이다. 만약 서로 다른 궤도를 돌고 있는 전자들의 파동함수만 알아낼 수 있다면 전자의 행동을 좀 더 정확하게 이해할 수 있을 것이다.

그렇다면 전자의 행동을 나타내는 파동함수를 어떻게 구할 수 있을까? 1925년 가을부터 슈뢰딩거는 전자의 파동함수를 구하는 방법을 알아내는 연구를 시작했다. 1926년 1월부터 약 6개월 동안에 슈뢰딩거는 전자의 파동함수와 관련된 논문을 6편이나 발표했다. 1926년 1월 27일 〈물리학 연대기〉에 제출한 첫 번째 논문에는 전자의 파동함수를 구할 수 있는 식인 슈뢰딩거 방정식이 포함되어 있었다.

나는 드브로이의 물질파 이론에 큰 감명을 받았습니다. 지금까지는 전자를 입자로 생각했는데 전자의 본질은 입자가 아니라 파동이라는 것을 알게 되었습니다. 따라서 전자의 행동을 제대로 이해하려면 전자를 입자가 아니라 파동으로 다뤄야 합니다. 나는 1925년 가을부터 전자의 행동을 나타내는 파동함수를 구할 수 있는 방정식을 찾아내기 위한 연구를 시작했습니다. 그 후 6개월 동안 나는 모든 것을 잊고 이 일에만 매달렸습니다.

슈뢰딩거

뉴턴역학에서 가장 핵심적인 식은 힘과 가속도와의 관계를 나타내는 $F = ma$라는 식이다. 이 식을 뉴턴의 운동방정식이라고도 부른다. 뉴턴역학에 등장하는 다른 모든 식들은 이 식으로부터 유도할 수 있지만 이 식은 다른 식으로부터 유도할 수 없다. 이 식은 힘이 어떤 작용을 하는지를 나타내는 가장 기본적인 식이기 때문이다. 외부에서 물체에 힘이 작용하는 경우 이 운동방정식에 힘을 대입하고 방정식을 풀면 물체가 어떤 속도로 어떻게 움직일는지를 계산해낼 수 있다.

양자역학에서 가장 기본이 되는 식은 슈뢰딩거 방정식이다. 슈뢰딩거 방정식은 조금 복잡한 형태로 되어 있지만 그 역할은 뉴턴역학에서 $F = ma$라는 식이 하는 역할과 비슷하다. 전자의 위치에너지를 슈뢰딩거 방정식에 대입한 후 방정식을 풀면 전자가 어떤 에너지를 가지고 어떻게 운동해야 하는지를 나타내는 전자의 파동함수를 구할 수 있다.

슈뢰딩거는 수소의 원자핵과 전자 사이에 작용하는 전기력에 의한 위치에너지를 슈뢰딩거 방정식에 대입한 후 방정식을 풀어 수소 원자핵 주위를 도는 전자들의 파동함수를 구하고 그 파동함수들로부터 전자가 어떤 물리량들을 가져야 하는지를 계산해냈다. 그 결과는 놀라운 것이었다. 보어의 원자모형에서 설명한 전자들의 에너지를 모두 구할 수 있었을 뿐만 아니라 전자들의 양자역학적 상태를 나타내는 네 가지 양자수가 어떤 값들을 가져야 하고, 그것이 어떤 물리량을 나타내는지를 알아낼 수 있었다.

슈뢰딩거 방정식의 해가 존재하기 위한 조건으로부터 양자수가 구해졌기 때문에 양자수를 이끌어내기 위해 양자 조건과 같이 근원을 알 수 없는 것들을 앞에 내세울 필요가 없게 되었다. 다시 말해 양자수들의 이론적 근거가 마련된 것이다. 따라서 에너지를 비롯한 여러 가지 물리량이 양자화되어야 하는 이유도 슈뢰딩거 방정식에서 찾을 수 있었다.

슈뢰딩거 방정식을 이끌어낸 것은 20세기 물리학의 가장 위대한 성과 중 하나로 인정받고 있다. 슈뢰딩거 방정식은 원자보다 작은 세계를 다루는 강력한 무기가 되었다. 슈뢰딩거 방정식은 발표 직후부터 원자보다 작은 입자들의 행동을 규명하는 데 널리 사용되기 시작했다. 1960년대까지 슈뢰딩거 방정식을 바탕으로 하여 쓴 논문이 무려 10만 편이 넘었다.

확률적 해석

∞ 슈뢰딩거는 전자를 파동으로 다루어 원자보다 작은 세계에서 일어나는 일들을 설명하는 데 큰 성공을 거두었다. 슈뢰딩거는 전자가 한 점에 모든 질량이 모여 있는 입자가 아니라 질량이 파동처럼 퍼져 있다고 생각했다. 이런 것을 밀도파라고 한다. 그러나 이런 설명으로는 광전효과에 나타난 것과 같은 빛과 전자의 상호작용을 설명할 수 없었다. 광전효과에서는 빛이 파동이 아니라 입자로 전자와 상호작용을 했다.

보어는 새로운 원자모형을 만든 후 젊은 과학자들과 함께 전자가 입자라는 것을 전제로 양자역학에 대한 연구를 계속하고 있었다. 보어나 보어와 함께 양자역학을 연구하고 있던 젊은 과학자들도 슈뢰딩거 방정식의 놀라운 가능성을 충분히 인정했다. 그러나 그들은 전자를 파동이라고만 설명하는 데는 불만이었다. 그들은 전자를 파동이 아니라 입자라고 했을 때 슈뢰딩거 방정식이 어떤 의미를 가지는지 알아내기 위해 노력했다.

이런 노력 끝에 1926년 7월 보어와 긴밀히 의견을 주고받으며 연구하고 있던 독일 괴팅겐대학의 막스 보른이 전자를 입자로 보면서도 슈뢰딩거 방정식을 이용할 수 있는 새로운 방법을 제시했다. 보른은 전자를 이용한 실험결과를 자세하게 검토하고 실험결과를 올바로 설명하기 위해서는 슈뢰딩거 방정식을 이용하여 구한 파동함수를 새롭게 해석해야 된다고 주장했다.

당시 많은 과학자들이 전자가 파동의 성질을 가지고 있다는 것을 보여주기 위해 전자를 이용하여 이중 슬릿에 의한 간섭 실험을 하고 있었다. 전자를 이용한 이중 슬릿 실험은 두 슬릿을 통과한 전자들이 스크린 위의 한 점에 모였을 때 빛의 경우와 같이 밝고 어두운 무늬가 만들어지는지 알아보는 실험이었다. 만약 전자가 파동이라면 전자의 수가 적을 때는 파동의 세기가 약하므로 희미한 간섭무늬가 만들어지고, 전자가 많을 때는 파동의 세기가 강해 선명한 간섭무늬가 만들어져야 했다.

전자가 스크린의 어떤 지점에 도달했는지를 알아보기 위해서는 가이거 계수기라는 장치를 이용했다. 가이거 계수기는 전자가 하나 들어올 때만 삑 하고 소리를 내도록 되어 있었다. 따라서 하나의 전자보다 약한 신호가 들어오면 아무 소리도 내지 않았다. 가이거 계수기를 이용하여 스크린에 도달하는 전자를 조사한 보른은 전자가 파동이 아니라 입자로 가이거 계수기를 이루는 물질과 상호작용한다는 것을 알아냈다.

후에 전자의 수를 정밀하게 조절할 수 있는 기술을 개발한 과학자들이 보른이 했던 실험을 다시 해보았다. 그들은 전자를 하나씩 쏘아 보내면서 전자가 도달한 위치에 점을 찍어 나갔다. 전자의 수가 적을 때는 스크린 여기저기에 점들이 찍혔다. 그것은 전자들이 그 위치에 알갱이로 도달했다는 것을 의미하는 것이었다. 전자의 수가 적

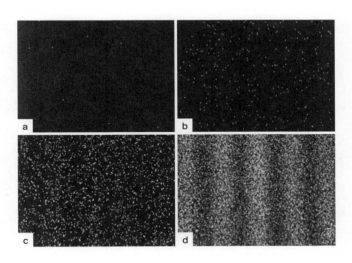

■ 전자의 수가 적을 때는 점들이 찍히지만 전자의 수가 많아지면 간섭무늬가 나타난다.

을 때는 간섭무늬가 나타나지 않았다. 그러나 전자의 수가 많아지자 간섭무늬가 나타나기 시작했다.

보른은 이런 실험결과를 설명하기 위해 슈뢰딩거 방정식을 이용하여 구한 파동함수는 특정한 위치에서 전자가 발견될 확률을 나타내는 확률함수라고 주장했다. 보른의 이런 주장은 슈뢰딩거 방정식을 충분히 이용하면서도 전자를 입자로 취급할 수 있도록 한 것이었다.

슈뢰딩거 방정식을 풀어서 파동함수를 구하면 전자가 어떤 에너지를 가져야 하는지, 그리고 어떤 각운동량을 가져야 하는지는 알 수 있다. 그러나 전자가 어디에 있는지에 대해서는 확률밖에 알 수 없다는 것이다. 이것은 전혀 새로운 해석이었고 쉽게 받아들일 수 없는 해석이었다. 그러나 보른이 제안한 확률적 해석은 많은 실험결과를 성공적으로 설명할 수 있었다. 따라서 보어를 비롯한 젊은 물리학자들은 보른의 해석을 받아들여 더욱 발전시켰다.

그러나 과학자들 중에는 보른의 이런 해석을 받아들이지 않는 사람들도 많았다. 슈뢰딩거 방정식을 만든 슈뢰딩거와 광전효과를 성공적으로 설명한 아인슈타인도 확률적 해석을 받아들이지 않았다. 아인슈타인은 자연현상을 확률을 이용하여 설명하는 것은 자연현상을 아직 충분히 이해하지 못하기 때문이라고 주장했다. 아인슈타인은 확률적으로 해석하는 양자역학을 끝까지 받아들이지 않았다.

불확정성 원리

∞ 보어와 함께 양자역학을 완성하는 데 크게 기여한 학자 중
한 사람이 베르너 하이젠베르크였다. 하이젠베르크는 보어가 소장
으로 있던 코펜하겐의 이론물리학 연구소와 파동함수를 확률적으로
해석한 보른이 있던 독일 괴팅겐대학을 오가면서 양자역학에 대한
연구를 계속했다. 그는 슈뢰딩거가 슈뢰딩거 방정식을 제안하기 전
인 1925년에 행렬역학을 개발하여 양자역학 발전에 크게 기여했다.
후에 행렬역학은 슈뢰딩거 방정식과 같은 내용을 다른 수학적 방법
을 이용하여 나타낸 것이라는 사실이 밝혀졌다. 따라서 슈뢰딩거 방

정식이 제안된 후에는 응용 범위가 더 넓은 슈뢰딩거 방정식이 양자역학의 중심이 되었다.

하이젠베르크는 또한 양자역학의 중요한 원리 중 하나인 불확정성 원리를 제안한 사람으로도 널리 알려져 있다. 불확정성 원리는 전자와 같은 입자의 운동량과 위치, 또는 에너지와 시간을 동시에 정확하게 측정하는 데 한계가 있다는 원리이다. 다시 말해 입자의 위치를 정밀하게 측정하면 운동량의 오차가 늘어나고, 반대로 운동량을 정밀하게 측정하여 오차를 줄이면 위치의 오차가 늘어난다는 것이다. 시간과 에너지의 경우에도 마찬가지이다. 불확정성 원리는 자연이 가지고 있는 파동과 입자의 이중성으로 인해 발생하는 것으로 측정 방법이나 측정하는 사람의 능력에 따라 달라지는 것이 아니다.

불확정성 원리에 의해 위치와 운동량, 그리고 시간과 에너지의 오차를 줄이는 데 한계가 있게 되었다. 오차보다 작은 값을 가지는 물리량은 물리량이라고 할 수 없다. 아주 작은 세계에서는 물리량이 존재하지 않는 영역이 존재한다. 물리 법칙은 측정된 물리량들 사이의

하이젠베르크

측정기술이 발전하면 물리량을 얼마든지 정확하게 측정할 수 있다는 것이 그동안의 생각이었습니다. 그러나 자연이 가지고 있는 파동의 성질 때문에 어떤 양들을 동시에 어느 한계보다 더 정확하게 측정하는 것은 불가능합니다.

이것은 아주 작은 크기에서는 물리량도 존재하지 않고 따라서 물리법칙도 존재하지 않는다는 것을 나타냅니다. 원자보다 작은 세상은 우리가 생각할 수 있는 것보다 더 이상한 세상입니다.

관계를 나타낸다. 따라서 물리량이 존재하지 않으면 물리 법칙도 존재하지 않는다. 그것은 아주 작은 세계에서는 물리 법칙이 적용되지 않을 수도 있다는 것을 나타낸다.

이것은 물리 법칙은 언제 어디에서나 성립되어야 한다고 생각했던 이전의 물리학과는 전혀 다른 것이었다. 후에 원자를 이루는 전자, 양성자, 그리고 중성자보다 작은 입자들이 많이 발견되었다. 이런 입자들과 관련된 현상을 설명할 때는 하이젠베르크가 발견한 불확정성 원리가 매우 유용하게 사용되고 있다.

제5차
솔베이회의에서의 결투

벨기에의 화학자 겸 사업가였던 어니스트 솔베이는 공업적으로 널리 사용되는 탄산나트륨(Na_2CO_3, 소다)의 제조법인 솔베이법을 발명하고 이를 공업적 생산에 이용하여 화학공업 발전에 크게 기여하고 많은 돈도 벌었다. 그는 물리학과 화학 분야의 연구를 촉진하기 위해 물리학과 화학을 위한 국제솔베이재단을 설립했다. 솔베이재단의 후원으로 열리는 솔베이회의는 세계 최초의 물리학 학술회의로 초청을 받은 사람들만 참석할 수 있었다. 3년마다 개최되는 솔베이회의 중에는 양자 물리학의 해석을 놓고 아인슈타인과 보어가 열띤 토론을 벌였던 제5차 솔베이회의가 가장 유명하다.

1927년 10월 24일부터 29일까지 〈광자와 전자〉라는 주제를 가지고 브뤼셀에서 열린 제5차 솔베이회의에는 아인슈타인, 보어, 보른, 슈뢰딩거, 퀴리를 비롯하여 당시 세계 물리학 연구를 주도하던 29명의 물리학자가 참석하였다. 이 회의에서 보어가 확률적 해석과 불확정성 원리를 포함한 새로운 양자역학을

■ 제5차 솔베이회의 참석자들. 뒷줄 좌측으로부터 여섯 번째가 슈뢰딩거이고 보어는 가운데 줄 우측 끝에 있으며, 아인슈타인은 앞 줄 한 가운데 있다. 참석자 중 유일한 여성인 마리 퀴리는 앞줄 좌측으로 부터 세 번째에 앉아있다.

설명했다. 보어의 발표가 끝나자 아인슈타인은 보어의 해석을 조목조목 날카롭게 반박했다. 아인슈타인의 반격으로 회의는 아인슈타인과 보어의 결투장이 되었다.

아인슈타인은 여러 가지 예를 들어 새로운 양자역학이 완전하지 못하다고 주장했고, 보어는 아인슈타인의 주장을 하나하나 반박했다. 아침마다 아인슈타인은 새로운 문제를 제기했고, 보어와 젊은 학자들은 하루 종일 그 문제에 대해서 토론을 한 후 답을 찾아냈다. 그러나 다음 날 아침이면 아인슈타인은 더 복잡한 문제를 제안했다. 하지만 보어와 젊은 과학자들은 또 다시 해답을 찾아냈다. 보어와 아인슈타인이 며칠을 두고 벌인 결투에서 승자는 보어였다.

아인슈타인은 제5차 솔베이회의 이후에도 계속 양자역학에 문제가 있다고 주장했다. 그러나 양자역학이 원자 세계에서 일어나는 일들을 성공적으로 설명해내자 대부분의 물리학자들이 양자역학을 받아들이게 되었다. 하지만 아인슈타인은 끝까지 양자역학을 받아들이지 않았다.

8장

양자역학의 원자모형

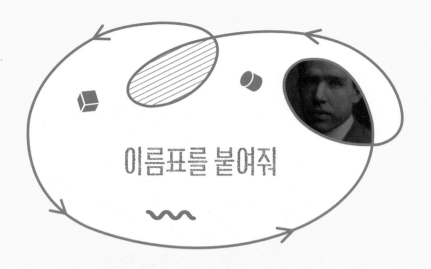

이름표를 붙여줘

2027년 서울에서 열릴 학술회의에는 전 세계 여러 나라에서 양자역학을 연구하고 있는 과학자들이 1000명이나 참석할 예정이었다. 이번 학술회의는 1927년에 벨기에 부뤼셀의 제5차 솔베이회의에서 있었던 양자역학에 대한 대토론 100주년을 기념하기 위해 개최되는 학술회의였다. 과학자들은 이번 학술회의가 양자역학은 물론 과학의 전반적인 분야가 다시 한 번 발전할 수 있는 계기를 제공할 수 있게 되기를 바라고 있었다.

과학자들이 현재 하고 있는 연구 내용과 결과를 설명하고 그에 대해 토론을 벌이는 본격적인 학술회의는 두 번째 날부터 시작될 예정이었다. 첫 날 저녁에는 각국에서 온 과학자들이 서로 인사를 나누고 다음 날부터 있을 학술회의에 대한 의견을 교환할 수 있도록 모든 과학자들이 참석하는 연회가 열릴 예정이었다. 1000명의 학술회의 참석 과학자들, 학술회의를 축하하기 위해 온 손님들, 학술회의를 준비하고 진행하는 사무직원들을 포함해서 연회 참석자는 1500명이 넘을 것으로 보였다. 1500명이 참석하는 연회를 준비하는 것은 쉬운 일이 아니었다.

연회를 잘 진행시키기 위해 사무직원들이 회의를 했다. 회의에서는 자리 배치, 식사와 음료수 준비, 연회 순서 등 연회를 순조롭게 진행하기 위한 일들을 의논했다. 경험이 많은 직원들이어서 모든 일들을 쉽게 결정했다. 그런데 참석자들에게 이름표를 달아주는 문제에서는 쉽게 의견이 통일되지 않았다.

이름표에 어떤 내용을 포함시키느냐 하는 것을 정하는 것부터 쉽지 않았다. 여러 가지 의견이 제시되었지만 이름표에는 참석자의 국적, 연구 분야, 학술회의에서의 직책, 그리고 영어를 말할 수 있는지 여부를 포함시키기로 했다. 영어의 사용여부를 포함시킨 것은 참석자들이 자유롭게 의사소통 하는 것을 도와주기 위한 것이었다.

8장 ·· 양자역학의 원자모형

이름표에 들어갈 내용은 정해졌지만 그것을 어떻게 써넣느냐 하는 것도 어려운 문제였다. 이 모든 것을 이름표에 자세하게 써넣으면 이름표가 너무 복잡해지고, 글씨가 작아져 쉽게 알아보기 어려울 것 같았다. 그때 한 직원이 아이디어를 냈다. 이름표에 들어갈 내용을 기호를 이용하여 나타내자는 것이었다.

국적은 영어 알파벳을 이용하여 나타내고, 연구 분야와 직책은 숫자를 이용하여, 그리고 영어 사용여부는 기호를 이용해 나타낸 다음 이름을 크게 써 넣자는 것이었다. 영어를 사용할 수 있는 사람은 ◇, 영어를 사용할 수 없는 사람은 □라는 기호를 이용하여 나타내기로 했다. 예를 들어 주기율표를 연구하는 과학자로 이번 학술대회 분임 토론의 책임자를 맡고 있으며 영어를 말할 수 있는 강용수 박사의 이름표는 다음과 같이 될 것이다.

K34◇
Y. S. Kang

각각의 기호와 숫자가 무엇을 의미하는지를 설명하는 커다란 표를 벽에 붙여 놓는다면 참석자들이 이 번호만 보고 그 사람에 대해 많은 것을 알 수 있게 될 것이다. 이번에 참석하는 사람들이 양자역학을 연구하는 사람들이라는 것을 감안하여 이 의견이 채택되었다.

일반인들에게는 K34◇와 같은 기호로 그 사람을 소개하는 것이 익숙하지 않을 것이다. 그러나 양자역학에서는 오래 전부터 전자를 이런 방법으로 분류해왔기 때문에 이번 참석자들에게는 매우 좋은 방법이 될 것이라고 생각한 것이다. 이것은 한 눈에 그 사람에 대한 많은 정보를 전달하면서 양자역학적 유머도 있는 멋

선생님의 양자수는
K52◇이니 저와 전공분야가 다르시군요.
요즘 연구는 재미있으세요?

아! 선생님은 E34◇ 이로군요.
저의 연구도 재미있지만
선생님 분야의 연구에도 관심이 많습니다.
잘 지도해 주시기 바랍니다.

진 이름표가 될 것으로 보였다.

직원들은 참석자들의 국적, 연구 분야, 직책, 영어 사용여부를 나타내는 이 기호와 숫자를 무엇이라고 부르느냐 하는 문제에 대해서도 의논했다. 여러 가지 의견이 있었지만 이것을 회원의 양자수라고 부르기로 했다. 전자의 상태를 나타내는 양자수와 그 의미는 다르지만 숫자와 기호를 이용하여 그 회원의 상태를 나타낸다는 면에서 전자의 양자수와 비슷하다고 생각했기 때문이다. 전자의 양자수도 따지고 보면 전자의 이름표라고 볼 수 있다.

그렇다면 전자의 이름표인 양자수는 어떻게 나타내고, 각각의 양자수가 뜻하는 것은 무엇일까?

양자수와 물리량

∞ 이제부터 전자의 이름표인 양자수에 대해 알아보자. 전자의 상태를 나타내는 기호인 양자수가 처음 사용된 것은 보어의 원자모형에서부터였다. 보어의 원자모형에서 양자수는 몇 번째 궤도인지를 나타내는 것으로 1, 2, 3…과 같은 자연수로 나타냈다. 1은 첫 번째 궤도를 의미했고, 2는 두 번째 궤도를 의미했다. 각 궤도를 도는 전자는 특정한 값의 에너지를 가지고 있었으므로 이 양자수는 전자가 가지는 에너지의 크기를 나타내기도 했다.

그러나 과학자들은 전자의 상태를 나타내기 위해서는 에너지 크기를 나타내는 양자수 외에도 다른 양자수가 필요하다는 것을 알게 되었다. 슈뢰딩거 방정식을 풀면 이런 양자수들이 어떤 물리량을 나타내는지 그리고 어떤 값을 가지는지를 알 수 있다. 슈뢰딩거 방정식은 방정식에 포함된 몇 가지 양들이 정수 값을 가질 때만 물리적으로 의미 있는 파동함수를 구할 수 있다. 이것이 전자의 상태를 나타내는 양자수들이다. 슈뢰딩거 방정식을 푸는 과정에서 등장하는 양자수는 모두 네 가지이다.

첫 번째 양자수는 주양자수라고 부르는데 주양자수는 전자가 가지고 있는 에너지의 크기를 결정해주는 양자수이다. 따라서 주양자수가 같은 전자는 모두 같은 에너지를 가지고 있다. 이 양자수는 보어의 원자모형에서 몇 번째 궤도인지를 나타내던 양자수와 같은 양자수이다. 주양자수는 보통 n이라는 기호로 나타낸다.

두 번째 양자수는 전자의 각운동량의 크기를 나타내는 양자수이다. 물리학에서는 질량과 속력을 곱한 양(mv)을 운동량이라고 하는데, 여기에 중심으로부터의 거리(r)를 곱한 값을 각운동량(mvr)이라고 한다. 따라서 두 번째 양자수는 전자가 얼마나 빠른 속력으로 원자핵을 돌고 있는지를 나타낸다. 전자는 에너지뿐만 아니라 각운동량도 띄엄띄엄한 값만 가질 수 있다. 다시 말해 각운동량도 양자화되어 있다. 각운동량의 크기를 나타내는 양자수를 궤도 양자수라고 부르며 l이라는 기호를 이용하여 나타낸다.

세 번째 양자수는 전자가 회전하는 방향을 나타내는 양자수이다. 원자핵 주위를 돌고 있는 전자는 모든 방향에서 원자핵을 돌 수 있는 것이 아니라 정해진 몇 가지 방향으로만 원자핵을 돌 수 있다. 전자가 도는 방향을 정해주는 양자수를 자기 양자수라고 하고 m이라는 기호로 나타낸다.

그리고 마지막 네 번째 양자수는 전자의 스핀 상태를 나타내는 양자수이다. 전자는 원자핵 주위를 돌고 있을 뿐만 아니라 자전과 비슷한 운동도 하고 있다. 이런 운동을 스핀이라고 한다. 네 번째 양자수는 스핀의 방향이 우측인지, 아니면 좌측인지를 나타낸다. 스핀 양자수는 s라는 기호로 나타낸다.

따라서 전자에 이름을 표를 붙인다면 〈$nlms$〉라는 이름표를 붙여야 할 것이다. 모든 전자의 이름은 모두 전자이므로 전자라는 이름은 생략해도 될 것이다. 따라서 전자들의 이름표는 다음과 같다.

만약 전자가 〈321↑〉라는 이름표를 달고 있다면 3에 해당하는 에

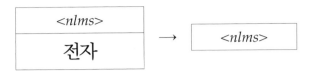

너지를 가지고 있고, 2에 해당하는 각운동량을 가지고 있으며, 1에 해당하는 방향으로 원자핵을 돌고 있고, ↑에 해당하는 방향의 스핀을 가지고 있는 전자라는 뜻이다. 양자역학을 모르는 사람들은 이 이름표를 보고도 그 전자가 어떤 전자인지 알 수 없겠지만 양자역학을 배운 사람들은 이 이름표만 보면 그 전자가 어떤 전자인지 한 눈에 알아볼 수 있다.

그런데 이 양자수들은 임의의 값을 가질 수 있는 것이 아니라 까다로운 규칙에 의해 정해진 값만 가질 수 있다. 보어 원자모형에서와 마찬가지로 에너지의 크기를 나타내는 주양자수 n은 1부터 모든 자연수 값을 가질 수 있다.

$$n = 1, 2, 3, 4\cdots$$

보어의 원자모형에서는 주양자수가 다르면 전자의 에너지가 달라지고 전자가 들어가 있는 궤도도 달랐다. 다시 말해 주양자수가 다르면 원자핵으로부터 다른 거리에서 원자핵을 돌았다. 그러나 양자역학에서의 주양자수는 전자가 가지는 에너지의 크기만 말해줄 뿐 전자가 어디에서 원자핵을 돌고 있는지를 나타내지는 않는다.

각운동량의 크기를 결정하는 궤도 양자수 l은 0부터 주양자수보다 하나 적은 수까지의 값만 가질 수 있다. 만약 n이 1이면 l은 0이어야 하며, n이 2이면 l은 0이나 1의 값을 가질 수 있다. 그리고 n이 5라면 l은 0, 1, 2, 3, 4 중 하나의 값을 가질 수 있다. 그런데 과학자들은 l이 0인 경우를 s, l이 1인 경우를 p, l이 2인 경우를 d, l이 3인 경우를 f로 나타내기도 한다. 따라서 n이 1이고, l이 0인 전자를 1s전자, n이 2이고 l이 1인 전자를 2p전자라고 부르기도 한다. 이것을 표로 나타내면 다음과 같다.

주양자수(n)	궤도 양자수(l)
1	0⟨1s⟩
2	0⟨2s⟩, 1⟨2p⟩
3	0⟨3s⟩, 1⟨3p⟩, 2⟨3d⟩
4	0⟨4s⟩, 1⟨4p⟩, 2⟨4d⟩, 3⟨4f⟩
⋮	⋮

세 번째 양자수인 자기 양자수(m)에는 더 까다로운 규칙이 적용된다. m은 $-l$에서 l 사이의 모든 정수 값을 가질 수 있다. 따라서 l이 0이면 m도 0이어야 하고, l이 1이면 m은 -1, 0, 1의 값을 가질 수 있으며, l이 3이면 m은 -3, -2, -1, 0, 1, 2, 3 중 하나의 값을 가질 수 있다. 이것을 표로 나타내면 다음과 같다.

주양자수(n)	궤도 양자수(l)	자기 양자수(m)	이름표(nlm)
1	0	0	(100)
2	0	0	(200)
	1	1	(211)
	1	0	(210)
		−1	(21−1)
3	0	0	(300)
	1	1	(311)
	1	0	(310)
		−1	(31−1)
	2	2	(322)
		1	(321)
	2	0	(320)
		−1	(32−1)
		−2	(32−2)
.	.	.	.

스핀 방향을 나타내는 네 번째 양자수는 두 가지 값만 가질 수 있다. 오른쪽으로 도는 경우에는 ↑, 왼쪽으로 도는 경우에는 ↓이다. 따라서 스핀의 방향을 나타내는 양자수까지 포함한 전자의 이름표는 다음과 같다.

$$\langle nlm \uparrow \rangle \quad \text{또는} \quad \langle nlm \downarrow \rangle$$

이렇게 해서 전자의 상태를 나타내는 이름표가 완성되었다.

만약 전자들이 같은 양자수를 가질 수 있다면 같은 이름표를 단

전자들이 많이 있어 서로 구별이 가능하지 않을 것이다. 그러나 한 원자 안에 들어 있는 전자들은 같은 양자수를 가질 수 없다. 다시 말해 같은 양자역학적 상태에 두 개 이상의 전자들이 들어갈 수 없다. 이것이 파울리의 배타원리이다. 슈뢰딩거 방정식을 이용하면 파울리의 배타원리가 왜 성립해야 하는지도 수학적으로 증명할 수 있다. 따라서 한 원자 안에는 같은 이름표를 달고 있는 전자들이 없다.

그런데 원자가 안정한 상태에 있을 때 전자들은 가능한 에너지가 낮은 상태에 있으려고 한다. 따라서 전자가 하나만 있다면 이 전자는 〈100↑〉이거나 〈100↓〉라는 이름표를 달고 있을 것이다. 〈100↑〉 상태와 〈100↓〉 상태는 에너지가 같기 때문에 어느 상태에 있어도 된다. 두 개의 전자가 있다면 하나는 〈100↑〉이고, 다른 하나는 〈100↓〉일 것이다. 그렇다면 전자가 셋 있는 경우는 어떻게 될까? 이런 경우에는 한 전자는 〈100↑〉이고, 두 번째 전자는 〈100↓〉이며, 세 번째 전자는 〈200↑〉이나 〈200↓〉 중 하나의 이름표를 달게 될 것이다.

전자의 이름표를 처음 보는 사람들에게는 양자수를 정하는 규칙이 조금 복잡해 보일 수도 있다. 그러나 이런 규칙을 잘 알고 있는 사람들은 전자의 양자수만 보면 전자가 어떤 상태에 있는지 금방 알 수 있다.

전자 확률 구름

∞ 그렇다면 특정한 양자수로 나타내지는 전자는 실제로 어디에서 원자핵을 돌고 있을까? 보어 원자모형에서는 전자가 에너지에 의해 결정되는 일정한 궤도 위에서만 원자핵을 돌고 있었다. 그러나 양자역학의 원자모형에서는 에너지나 각운동량과 같은 물리량은 양자수에 의해 정해지는 띄엄띄엄한 값만 가질 수 있지만, 원자핵으로부터 일정한 거리만큼 떨어진 곳에서 원자핵을 돌고 있는 것은 아니다.

슈뢰딩거 방정식을 통해서 우리가 알 수 있는 것은 전자가 특정한 지점에서 발견될 확률뿐이다. 양자역학의 계산을 통해 전자가 발견될 확률이 높은 곳은 진하게 나타내고 확률이 적은 곳은 옅은 색으로 나타내면 구름 같은 모양이 만들어진다. 이 구름은 전자의 모양이 아니라 전자가 발견될 확률을 나타내는 확률 구름이다.

확률 구름의 모양은 전자의 양자수 중에서도 궤도 양자수에 따라 달라진다. 1s, 2s, 3s 전자와 같이 궤도 양자수가 0인 전자의 확률 구름은 원자핵을 중심으로 한 공 모양이다. 따라서 어떤 점에서 전자가 발견될 확률은 원자핵으로부터의 거리에 의해 결정된다. s-

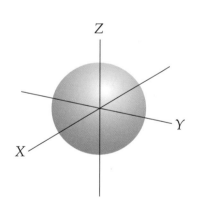

■ s-전자 확률 구름 모양

전자의 확률 구름 모양을 그림으로 나타내면 앞 그림과 같다. 이 확률 구름을 이용하여 구한 원자핵으로부터 전자들까지의 평균 거리는 보어 원자모형에서의 궤도 반지름과 같다.

s-전자의 확률 구름이 간단한 공 모양인 것과는 달리 궤도 양자수가 커지면 확률 구름의 모양이 복잡해진다. 궤도 양자수가 1인 p-전자의 확률 구름 모양은 가운데가 잘록한 아령 모양이다. 궤도 양자수가 1인 경우 자기 양자수는 -1, 0, 1의 세 가지 값을 가질 수 있는데 자기 양자수가 달라도 확률 구름의 모양이 달라지는 것은 아니고 방향만 달라진다. p-전자의 확률 구름 모양을 그림으로 나타내면 다음과 같다.

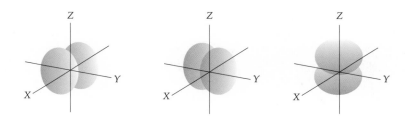

■ p-전자 확률 구름 모양

궤도 양자수가 2인 d-전자의 확률 구름은 더욱 복잡한 모양을 하고 있다. 궤도 양자수가 2인 경우에는 자기 양자수가 -2, -1, 0, 1, 2의 다섯 가지 값을 가질 수 있는데 자기 양자수에 따라 확률 구름의 방향뿐만 아니라 모양도 달라진다. 궤도 양자수가 3인 f-전자의 확률 구름 모양은 더욱 복잡하다. 궤도 양자수가 3인 f-전자의 경우에는 자기 양자수가 -3, -2, -1, 0, 1, 2, 3의 일곱 가지 값을 질 수 있다. d-전자와 마찬가지로 f-전자도 자기 양자수에 따라 확률 구름의 모양과 방향이 달라진다. d-전자의 확률 구름과 f-전자의 확률 구름 모양이 아래 그림들에 나타나 있다.

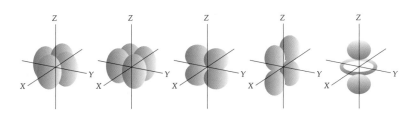

■ d-전자의 확률 구름 모양

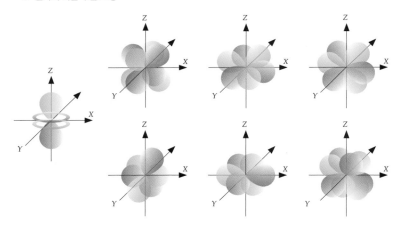

■ f-전자의 확률 구름 모양

원자들이 결합하여 분자를 만들면 전자들의 확률 구름 모양이 달라진다. 과학자들은 원자들이 결합하여 만들어지는 확률 구름 모양을 분석하여 분자들의 화학적 성질이 어떻게 달라지는지를 연구하고 있다.

주양자수가 같으면 전자들의 에너지가 같다. 그러나 원자가 전기장이나 자기장 안에 있으면 궤도 양자수나 자기 양자수에 의해 조금씩 다른 에너지 값을 가지게 된다. 따라서 전기장이나 자기장이 없을 때는 하나로 보였던 선스펙트럼이 전기장이나 자기장 안에서는 여러 개로 갈라지게 된다. 양자역학의 원자모형은 전기장이나 자기장 안에서 하나의 선이 미세한 여러 개의 선으로 갈라지는 현상을 잘 설명할 수 있다. 원자의 내부 구조를 쉽게 그림으로 그려 설명할 수 있기를 바라는 사람들에게 복잡한 양자역학의 원자모형은 조금 실망스러울 수도 있다. 그러나 양자역학의 원자모형은 현재까지 알려진 원자의 모든 성질을 잘 설명하고 있다.

주기율표

∞ 양자역학의 목표는 원자가 내는 스펙트럼과 주기율표를 설명하는 것이었다. 양자역학의 원자모형은 원자가 내는 복잡한 스펙트럼을 잘 설명할 수 있다. 그렇다면 주기율표는 어떻게 설명할 수 있을까? 몇 가지 규칙에 따라 전자들을 차례로 배열해보면 주기율표가 어떻게 만들어지는지 쉽게 알 수 있다.

원자핵 주위를 돌고 있는 전자가 하나뿐인 수소는 안정한 상태에 있는 경우 전자가 〈100↑〉 상태나 〈100↓〉 상태 중 하나에 있게 된다. 그렇다면 여러 개의 전자들을 가지고 있는 원자에서는 전자들이 어떤 상태에 있을까? 원자를 연구하는 과학자들은 여러 개의 전자가 있는 안정한 원자에서 전자들이 채워지는 순서를 알아냈다.

첫 번째 전자는 주양자수가 1이고, 궤도 양자수가 0인 $1s$ 상태에 들어간다. $1s$ 상태에는 스핀 상태가 다른 두 개의 양자역학적 상태가 있으므로 2개의 전자들이 들어갈 수 있다. 다음에는 $2p$ 상태에 6개의 전자들이 들어간다. 다음 전자들은 $3s$, $3p$, $4s$, $3d$, $4p$, $5s$, $4d$…의 순서로 들어간다. $3d$ 상태에는 10개의 전자가 들어갈 수 있고, $4f$ 상태에는 14개의 전자들이 들어갈 수 있다. 이런 순서로 전자들을 채워나갈 때 전자들의 에너지 간격이 큰 곳을 경계로 하여 전자 상태들을 묶을 수 있고 이들을 전자껍질이라고 부른다. 전자껍질은 아래부터 차례로 K, L, M, N, O, P와 같이 알파벳 대문자로 나타낸다. 이것을 전자껍질 모형이라고 부른다.

이제 아래서부터 전자를 하나씩 채워 넣어보자. 전자가 하나인 수소 원자의 경우에는 전자가 K-껍질에 있는 $1s$ 상태에 들어가고, 전자가 2개인 헬륨 원자의 전자들도 K-껍질에 있는 $1s$ 상태에 2개의 전자가 모두 들어간다. 3개의 전자를 가지고 있는 리튬의 경우에는 K-껍질에 2개의 전자가 들어가고 하나는 L-껍질의 $2s$ 상태에 들어간다. 그렇다면 전자를 11개 가지고 있는 소듐의 경우는 어떻게 될까? 소듐의 전자들은 K-껍질에 2개, L-껍질에 8개, 그리고 M-껍질에 1개가 들어간다.

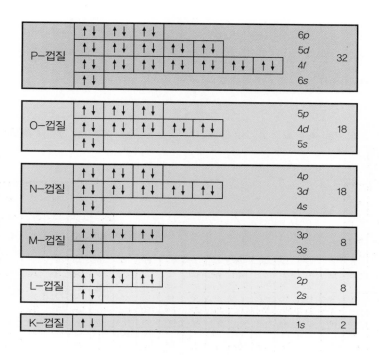

P-껍질	↑↓ ↑↓ ↑↓						6p	32
	↑↓ ↑↓ ↑↓ ↑↓ ↑↓						5d	
	↑↓ ↑↓ ↑↓ ↑↓ ↑↓ ↑↓ ↑↓						4f	
	↑↓						6s	

■ 각 전자껍질에 들어있는 전자들의 상태와 각 껍질에 들어갈 수 있는 전자의 수를 나타
낸 표

    이렇게 전자를 아래에서부터 채워 넣을 때 가장 바깥쪽 전자껍질
에 들어가 있는 전자를 최외각 전자라고 한다. 원자들이 다른 원자들
과 결합하여 분자를 만들 때는 최외각 전자들이 가장 중요한 역할을
한다. 따라서 원자의 화학적 성질은 최외각 전자들에 의해 결정된다.

    주기율표의 맨 윗줄은 K-껍질에만 전자가 들어가 있는 수소와
헬륨이 있다. 그리고 두 번째 줄에는 최외각 전자들이 L-껍질에 들어
가 있는 8개의 원소들이 배열되어 있다. 세 번째 줄에는 최외각 전자

들이 M-껍질에 들어가 있는 8개의 원소들이 배열되어 있고, 네 번째 줄에는 최외각 전자들이 N-껍질에 들어가 있는 18개의 원소들이 배열되어 있다.

	I	II	III	IV	V	VI	VII	VIII	IX	X	XI	XII	XIII	XIV	XV	XVI	XVII	XVIII
1	1 H 1s1																	2 He 1s2
2	3 Li 2s1	4 Be 2s2											5 B 2p1	6 C 2p2	7 N 2p3	8 O 2p4	9 F 2p5	10 Ne 2p6
3	11 Na 3s1	12 Mg 3s2				전이금속(d블록)							13 Al 3p1	14 Si 3p2	15 P 3p3	16 S 3p4	17 Cl 3p5	18 Ar 3p6
4	19 K 4s1	20 Ca 4s2	21 Sc 3d1	22 Ti 3d2	23 V 3d3	24 Cr 3d4	25 Mn 3d5	26 Fe 3d6	27 Co 3d7	28 Ni 3d8	29 Cu 3d9	30 Zn 3d10	31 Ga 4p1	32 Ge 4p2	33 As 4p3	34 Se 4p4	35 Br 4p5	36 Kr 4p6
5	37 Rb 5s1	38 Sr 5s2	39 Y 4d1	40 Zr 4d2	41 Nb 4d3	42 Mo 4d4	43 Tc 4d5	44 Ru 4d6	45 Rh 4d7	46 Pd 4d8	47 Ag 4d9	48 Cd 4d10	49 In 5p1	50 Sn 5p2	51 Sb 5p3	52 Te 5p4	53 I 5p5	54 Xe 5p6
6	55 Cs 6s1	56 Ba 6s2	4f	72 Hf 5d2	73 Ta 5d3	74 W 5d4	75 Re 5d5	76 Os 5d6	77 Ir 5d7	78 Pt 5d8	79 Au 5d9	80 Hg 5d10	81 Tl 6p1	82 Pb 6p2	83 Bi 6p3	84 Po 6p4	85 At 6p5	86 Rn 6p6
7	87 Ac 7s1	88 Ra 7s2	5f	104 Rf 6d2	105 Db 6d3	106 Sg 6d4	107 Bh 6d5	108 Hs 6d6	109 Mt 6d7	110 Ds 6d8	111 Rg 6d9	112 Cn 6d10	113 Uut 7p1	114 Fl 7p2	115 Uup 7p3	116 Lv 7p4	117 Uus 7p5	118 Uuo 7p6

← s블록 →

← p블록 →

전이금속(d블록)

란탄계열(4f)

57 La 4f1	58 Ce 4f2	59 Pr 4f3	60 Nd 4f4	61 Pm 4f5	62 Sm 4f6	63 Eu 4f7	64 Gd 4f8	65 Tb 4f9	66 Dy 4f10	67 Ho 4f11	68 Er 4f12	69 Tm 4f13	70 Yb 4f14	71 Lu 5d1

악티늄계열(5f)

89 Ac 5f1	90 Th 5f2	91 Pa 5f3	92 U 5f4	93 Np 5f5	94 Pu 5f6	95 Am 5f7	96 Cm 5f8	97 Bk 5f9	98 Cf 5f10	99 Es 5f11	100 Fm 5f12	101 Md 5f13	102 No 5f14	103 Lr 6d1

■ 118개의 원소들이 원자번호 순서로 배열되어 있는 주기율표. 원소기호 아래 있는 기호와 숫자는 가장 바깥에 있는 전자가 어떤 상태에 몇 개 들어가 있는지를 나타낸다. 예를 들면 4f10은 가장 바깥에 있는 전자가 4f 상태에 10개 들어가 있다는 뜻이다.

수소																	헬륨
알	알																불
칼	칼																활
리	리												p-블록 원소				성
금	토		전	이	금	속							(p)				기
속	금	L			(d)												체
(s)	속	A															

						L-란탄 계열(f)							
						A-악티늄 계열(f)							

■ 주기율표에 포함된 원소들은 가장 바깥 전자가 어떤 상태에 들어가 있는지에 따라 몇 가지로 나눌 수 있다.

주기율표에는 현재까지 발견된 118개의 원소들이 원자번호 순서로 배열되어 있다. 원소들은 화학적 성질에 따라 몇 가지로 분류할 수 있다. 알칼리 금속은 가장 바깥 쪽 전자껍질에 전자가 하나만 들어가 있는 원소들로 모두 활발하게 화학반응을 하는 원소들이다. 알칼리 토금속은 가장 바깥쪽 전자껍질에 2개의 전자들이 들어가 있는 원소들이다. p-블록 원소들은 최외각 전자가 p 상태에 들어가 있는 원소들이다. p-블록 원소들에는 상온에서 기체인 원소, 고체인 원소, 액체인 원소가 포함되어 있다. 산소, 질소, 탄소와 같이 우리가 잘 알고 있는 원소들이 여기에 속한다.

전이금속은 최외각 전자가 d 상태에 들어가 있는 원소들이다. d 상태에는 모두 10개의 전자가 들어갈 수 있으며 10칸을 차지하고 있다. 철, 금, 은, 구리와 같은 금속들이 여기에 속한다. 최외각 전자가 f 상태에 들어가 있는 원소들은 란탄 계열과 악티늄 계열로 나누어 따로 분류해 놓았다. f 상태에는 14개의 전자가 들어갈 수 있고, 원래 그 자리에 있던 d 상태 원소 하나를 포함해 란탄 계열과 악티늄 계열에는 각각 15개의 원소들이 들어가 있다. 이들은 대부분 자연에는 존재하지 않아 입자 가속기를 이용하여 만든 원소들이다.

불활성 기체들은 각 전자껍질에 있는 상태들이 모두 채워져 있는 기체들이다. 이런 원소들은 다른 원소들과 화학반응을 거의 하지 않기 때문에 불활성 기체라고 한다. 수소는 전자를 하나만 가지고 있기 때문에 다른 원소들과 활발하게 화학반응을 하여 여러 가지 분자들을 만든다. 그러나 전자를 하나 더 가지고 있는 헬륨은 다른 원소들과 화학반응을 거의 하지 않기 때문에 불에 타지도 않는다. 전자 수의 차이는 1밖에 안 되지만 두 원소의 화학적 성질은 전혀 다르다. 비행선에 더 가벼운 수소를 사용하지 않고 헬륨을 사용하는 것은 이 때문이다.

주기율표에는 사람들이 알아낸 원자에 대한 모든 지식이 종합되어 있다. 따라서 어떤 사람들은 주기율표를 인류가 이루어낸 최고의 과학적 업적이라고 말하기도 한다. 과학자들은 양자역학이 밝혀낸 원자에 대한 지식을 바탕으로 물리학, 화학, 생물학, 천문학 등 여러 분야에서 커다란 발전을 이루어냈다.

원소들은 어디에서
만들어졌을까?

주기율표에 포함되어 있는 118가지 원소들은 어디에서 만들어졌을까? 우주의 시작과 진화 과정을 설명하는 빅뱅 우주론에 의하면 우주에 가장 많이 존재하는 수소와 헬륨, 그리고 아주 적은 양만 존재하는 리튬과 붕소의 원자핵은 우주가 시작되고 약 3분 동안에 만들어졌다. 이 원자핵들이 전자와 결합하여 원자핵과 전자로 이루어진 원자가 된 것은 우주가 시작되고 38만 년 후의 일이다. 우주에 존재하는 모든 원자들의 약 90%는 수소이고, 약 10%는 헬륨이며, 나머지 원자들은 모두 합해도 1%가 안 된다. 그러나 지구에는 수소와 헬륨보다 무거운 원소들이 훨씬 더 많다. 그렇다면 지구에 많이 존재하는 무거운 원소들은 어디에서 만들어졌을까?

헬륨보다 무거운 원소들 중에서 원자번호가 26번인 철까지는 별 내부에서 일어나고 있는 핵융합 반응으로 만들어졌다. 작은 원자핵이 융합하여 더 큰 원자핵이 될 때는 많은 에너지를 방출한다. 별들이 밝게 빛날 수 있는 것은 별 내부에서 수소나 헬륨과 같은 가벼운 원소들이 융합해 무거운 원소들을 만들어내는 핵융합 반응이 일어나고 있기 때문이다. 그러나 별 내부의 핵융합 반응으로는 철보다 무거운 원소들을 만들 수 없다.

철보다 무거운 원소들은 커다란 별이 일생의 마지막 단계에 대폭발을 일으킬 때 만들어진다. 초신성 폭발이라고 부르는 이런 폭발이 일어나면 아주 많은 에너지가 방출되기 때문에 철보다 무거운 원소들을 만들 수 있다. 초신성 폭발이 일어나면 많은 물질이 우주 공간으로 날아가지만 중심에는 중성자들로만 이루어진 중성자성이나 빛도 빠져나올 수 없는 블랙홀이 만들어진다.

원자번호	원소기호	명칭	만들어진 곳
1	H	수소	빅뱅
2	He	헬륨	빅뱅, 별 내부 핵융합 반응
3	Li	리튬	빅뱅
4	B	붕소	빅뱅
5번부터 26번까지	N부터 Fe		별 내부 핵융합 반응
27번부터 92번까지	Co부터 U까지		초신성 폭발
93번부터 118번까지	Np부터 Uuo까지		입자 가속기

초신성 폭발 시에 만들어진 무거운 원자핵들 중에는 불안정해서 작은 원자핵으로 붕괴되는 방사성 원소들이 많이 포함되어 있다. 자연에서 발견되는 원소들 중에서 가장 큰 원소는 원자번호가 92번인 우라늄이다. 우라늄보다 무거운

원소들은 과학자들이 실험실에서 만들었다. 그러나 이런 원소들은 매우 불안정해서 만들어 놓아도 금방 붕괴되어 버린다.

Quantum Mechanics

  9장

이상한
양자역학의 세상

포유동물과 새들의 전쟁

　포유동물들과 새들이 생사를 건 전쟁을 시작한 것은 오래 전의 일이다. 처음에는 새들이 포유동물들의 서식지에 둥지를 튼 것이 문제가 되어 일부 포유동물들과 새들이 국지적인 싸움을 벌였지만 점점 전 지구적인 전쟁으로 확대되었다. 작은 벌새들부터 커다란 독수리에 이르기까지 모든 새들은 포유동물들을 지구상에서 몰아낼 때까지 싸우겠다고 목소리를 높였고, 포유동물들 역시 더 이상 새들이 지구의 하늘을 날아다니지 못하게 하겠다고 다짐했다.

　전쟁 초기에는 펭귄이나 타조처럼 날개는 있지만 하늘을 날아다니지 못하는 새들이 어느 쪽에도 가담하지 않으려고 했다. 그러자 포유동물들은 새들의 스파이라고 펭귄과 타조를 공격했고, 새들은 이들을 배신자라고 비난했다. 그래서 결국 한쪽을 선택하지 않을 수 없게 된 펭귄과 타조는 새들 편에 서기로 했다.

　한때는 박쥐가 문제가 되었다. 새들과 포유동물들이 전쟁을 시작하자 박쥐들은 새들에게는 자신들이 새라고 이야기했고, 포유동물들에게는 쥐의 먼 친척이라

새들과 포유동물들의 전쟁!

도대체 우리는 누구 편을 들어야 하는 거야???

고 이야기했다. 새들과 포유동물 사령부에서는 박쥐가 적인지 친구인지를 확인하기 위해 박쥐들을 자세하게 조사하고 박쥐는 포유동물이라고 결론지었다. 따라서 박쥐는 포유동물 편으로 전쟁에 참가하게 되었다.

오랫동안 전쟁이 계속되어 많은 새들과 포유동물들이 죽어갔지만 전쟁은 쉽사리 끝나지 않았다. 처음에는 하늘을 지배하는 새들이 유리한 듯 보였다. 하늘을 날아다니는 새들은 밤과 낮을 가리지 않고 기습 공격을 가하여 많은 포유동물들을 죽였다. 심지어는 작은 벌새가 코끼리 귀에 작은 폭탄을 떨어뜨려 자신보다 수천 배나 큰 코끼리를 죽이는 일도 있었다.

그러자 포유동물들은 새들의 둥지들을 공격하기 시작했다. 하늘을 날아다니는 새도 잠을 자기 위해서는 땅으로 내려와야 했다. 포유동물의 공격을 피해 높은 나무 위나 절벽에 둥지를 틀었지만 포유동물 중에는 이런 곳을 제집 드나들듯이 다닐 수 있는 동물들이 많았다. 나무 위의 둥지들은 원숭이들의 집중 공격을 받았고, 절벽 위의 둥지들은 암벽타기 선수인 염소들의 공격을 받았다. 따라서 포유동물과 새들의 전쟁은 일진일퇴를 하면서 오랫동안 계속되고 있었다.

그때 화성의 지하에서 새로운 생명체가 발견되었다는 소식이 전해졌다. 새와 포유동물 사령부에서는 화성에 탐사선을 보내 이들이 새인지 포유동물인지 확인하기로 했다. 새로 발견된 생명체가 적인지 아군인지 확인할 필요가 있었기 때문이었다. 태양 방사선을 피해 화성 지하에만 살고 있는 화성 생명체가 새인지 포유동물인지 확인하기 위해서는 화성의 지하 동굴로 들어가 그들을 만나 보아야 했다.

새와 포유동물 사령부에서 보낸 탐사대원들은 화성 지하 동굴에 가서 그들을 조사하고 사령부에 보고서를 제출했다. 새와 포유동물 사령부에서는 탐사대의 조사결과를 바탕으로 화성에서 발견된 생명체가 자신들 편이라고 선언했다. 새들이 보낸 탐사대원들은 화성 생명체가 새라는 보고서를 제출했고, 포유동물 탐사대원들은 화성 생명체가 포유동물이라는 보고서를 제출했던 것이다.

두 사령부에서는 서로 상대방이 거짓말을 하고 있다고 주장했다. 과학적 사실마저도 조작하는 상대편은 양심마저도 팔아먹었다고 비난했다. 그러나 양쪽 진영의 과학자들은 이 문제를 과학적으로 매듭짓고 싶어 했다. 그래서 양쪽 진영의 과학자들이 공동으로 화성 생명체 조사단을 꾸렸다. 화성에 가서 화성 생명체를 조사한 공동 조사단은 놀라운 결과를 발표했다. 화성 생명체는 새들과 만날 때는 새의 모습으로 나타나고, 포유동물을 만날 때는 포유동물로 모습을 바꾼다는 것이다. 이것은 뜻밖의 결과였다. 과학자들은 어떻게 그런 일이 일어나는지를 조사했다.

그 결과 화성의 생명체는 새들을 만날 때는 새들의 DNA와 반응하여 새들 모습으로 바뀌고, 포유동물을 만날 때는 포유동물의 DNA와 반응하여 포유동물로 바뀌는 것으로 나타났다. 그렇다면 새들이나 포유동물을 만나지 않을 때는 어떤 모습일까? 그러나 만나지 않았을 때는 어떤 모습인지를 알 수 있는 방법이 없었다. 만나지 않을 때의 모습은 볼 수 없었기 때문이다.

직접 만나지 않고 카메라를 사용해 보기도 했지만 DNA를 가지고 있지 않은 카메라에는 형체가 없는 희미한 그림자만 찍힐 뿐이었다. 과학자들은 빛이나 전자와 같은 입자에서나 발견할 수 있었던 상보성이 화성 생명체에서도 나타난다는 것을 확인하고 깜짝 놀랐다. 그들은 우주에서는 우리가 상상할 수 없는 일이 벌어질 수도 있다는 것을 다시 실감해야 했다.

새와 포유동물 사령부에서는 이 문제를 해결하기 위한 회의를 개최했다. 그들은 새와 포유동물의 특성을 모두 보여주는 동물이 있다는 것을 공식적으로 인정했다. 그리고 새와 포유동물로 나누어 목숨을 걸고 싸운다는 것이 모든 가능성이 존재하는 우주에서 보면 매우 어리석은 일이라는 것을 깨닫게 되었다. 따라서 두 사령부는 전쟁을 끝내고 다시 평화롭던 옛날로 돌아가기로 결정했다. 마침내 지구에 평화가 찾아온 것이다.

그렇다면 새들과 포유동물들의 전쟁을 끝나게 한 상보성이란 어떤 성질일까?

측정과 상보성 원리

∞ 물리학을 연구하기 위해서는 여러 가지 물리량을 측정해야한다. 측정된 물리량들 사이에 어떤 관계가 있는지를 연구하는 것이 물리학이다. 물체의 길이를 재고 무게를 다는 것이 모두 측정이다. 그런데 우리는 측정으로 인해 물리량이 변하지 않는다고 생각했다. 자로 막대의 길이를 재는 동안 막대의 길이가 변하지는 않는다. 저울로 무게를 측정하는 동안 물체의 무게가 변하지는 않는다. 다시 말해 우리가 측정한 물리량은 그 물체의 고유한 양이라고 생각해왔던 것이다.

그런데 전자와 같이 작은 입자들을 다루는 양자역학에서는 전혀 다른 이야기를 한다. 우리가 어떤 방법으로 측정하더라도 측정하는 행동이 측정된 물리량에 영향을 준다는 것이다. 따라서 우리가 측정을 통해 얻은 양은 그 물체의 고유한 양이 아니라 그 물체의 고유한 성질과 측정이라는 행동이 상호작용하여 만들어낸 결과가 된다.

빛을 이용하여 간섭 실험을 하면 파동의 성질이 나타난다. 그것은 빛이 가지고 있는 고유한 성질과 간섭 실험이 서로 작용하여 파동의 성질을 보여주었기 때문이다. 광전효과 실험을 하면 빛이 입자로 행동한다. 그것은 빛이 가지고 있는 고유한 성질이 광전효과 실험 작용과 상호작용하여 입자의 성질을 보여주기 때문이다. 따라서 빛이 파동과 입자의 성질을 모두 가지고 있기는 하지만 하나의 실험에서 파동의 성질과 입자의 성질이 동시에 나타나지는 않는다.

보어는 이렇게 하나의 실험에서 동시에 두 가지 성질이 나타나지 않는 것을 상보성 원리라고 했다. 빛뿐만 아니라 전자나 양성자와 같은 입자들도 상보성을 나타낸다. 상보성이 나타나는 이유는 측정 결과가 물체의 고유한 물리량이 아니라 측정에 영향을 받은 결과이기 때문이다.

그렇다면 측정하지 않을 때는 어떤 상태에 있을까? 우리가 살아가는 세상에서는 실험에 의해 상태가 달라지지 않는다. 따라서 측정할 때와 측정하지 않을 때가 같은 상태이기 때문에 측정하지 않을 때 어떤 상태인지를 설명할 필요가 없다. 그러나 양자역학에서는 측정에 의해 상태가 달라지므로 측정하지 않을 때 어떤 상태인지를 설명해야 한다.

슈뢰딩거 방정식을 풀면 답이 하나가 아니라 여러 개가 나타난다. 이것은 뉴턴의 운동방정식에 초기 상태와 힘을 대입하여 풀면 하나의 결과가 나오는 것과 크게 다르다. 뉴턴역학에서는 운동방정식을 풀어 해를 구하면 따로 해를 설명하지 않아도 미래의 상태를 알 수 있다.

그러나 슈뢰딩거 방정식을 풀면 가능한 상태가 여러 개로 조합된 해가 구해진다.

$$| \text{슈뢰딩거 방정식의 해} \rangle = a|A\rangle + b|B\rangle$$

여기서 $|A\rangle$와 $|B\rangle$는 서로 다른 상태를 나타내는 슈뢰딩거 방정

식의 해를 나타낸다. 그렇다면 이 식이 나타내는 상태는 어떤 상태일까? 양자역학에서는 이런 상태를 |A⟩ 상태와 |B⟩ 상태가 중첩된 상태라고 말한다. 이때 계수 a와 b는 각각 측정했을 때 |A⟩ 상태와 |B⟩ 상태가 측정될 확률을 나타낸다.

두 가지 다른 상태가 중첩되어 있는 상태는 상식적으로는 이해할 수 없는 상태이다. 우리는 이런 상태를 경험해본 적이 없기 때문이다. 하지만 양자역학에서는 우리가 측정하지 않는 동안에는 중첩된 상태에 있다고 설명하고 있다. 그러나 우리가 측정을 하면 가능한 여러 가지 상태 중에서 하나의 상태로 고정된다. 측정이 중첩된 상태와 상호작용하여 하나의 상태만 나타나도록 하는 것이다.

빛은 어떻게 측정하느냐에 따라 입자의 성질을 나타내기도 하고 파동의 성질을 나타내기도 한다. 측정이 결과에 영향을 주기 때문이다. 양자역학에서는 측정하지 않을 때 빛의 상태는

$$| \text{빛의 상태} \rangle = a | \text{입자의 상태} \rangle + b | \text{파동의 상태} \rangle$$

라고 설명한다. 다시 말해 빛은 파동의 상태와 입자의 상태가 중첩된 상태에 있다는 것이다. 양자역학의 설명을 화성에서 발견된 새로운 생명체에 적용하면 화성 생명체의 상태는

$$| \text{화성 생명체} \rangle = a | \text{새} \rangle + b | \text{포유동물} \rangle$$

이 된다. 이 생명체가 어떤 종류의 생명체인지를 알아내기 위해 실험을 하면 실험의 영향을 받아 새나 포유동물 중 하나로 나타난다는 것이다. 이런 동물은 세상에는 존재하지 않는다. 그러나 원자보다 작은 입자들을 대상으로 한 실험의 결과들은 이런 설명과 일치한다. 양자역학의 이런 설명은 우리의 경험 세계에는 있을 수 없는 일이어서 쉽게 받아들이기 어려운 이야기이다. 상식적으로는 이해할 수 없는 이런 설명을 받아들이지 않을 수 없는 것은 이런 설명이 실험결과와 잘 일치하기 때문이다.

광자 재판

∞ 일본 도쿄대학 교수로 1947년 노벨 물리학상을 수상한 도모나가 신이치로가 쓴 『양자역학적 세계상』이라는 책에는 광자 재판에 대한 이야기가 들어 있다. 광자 재판은 가상적인 이야기지만 양자역학적 상태를 이해하는 데 도움을 준다. 광자 재판에서 재판을 받는 범인은 빛 알갱이인 광자이다. 방 밖에 있던 광자가 창문이 두 개 나 있는 방 안에서 체포되었다. 재판의 핵심은 광자가 두 창문 중 어느 창문을 통해서 방으로 침입했는가 하는 것이었다.

검사는 광자에게 두 창문 중 어느 창문을 통해서 방으로 침입했는지 물었다. 광자는 두 창문을 모두 통과했다고 주장했다. 검사는 광자의 말도 안 되는 주장에 분개했지만 변호사는 그것이 어떻게 가능한지를 차근차근 설명했다. 변호사가 설명한 내용의 요지는 다음과 같았다.

광자가 동시에 두 창문을 통과했다는 것은 상식적으로 말이 안되지만 광자가 벽에 만들어 놓은 흔적은 두 창문을 동시에 통과하지 않았다면 만들 수 없는 것이었다. 광자가 어떤 창문을 통과하는지를 확인하기 위해 창문에 감시 장치를 부착해 놓으면 광자는 두 창문 중 하나만을 통과하여 방으로 침입한다. 그러나 그런 경우에는 광자가 벽에 만들어 놓은 흔적이 만들어지지 않는다. 감시 장치가 광자가 두 창문 중 하나만을 통과하도록 광자의 행동에 영향을 주었기 때문이다.

관측하는 동안에 두 창문 중 하나만을 통과한다는 사실만으로 관측하지 않는 동안에도 두 창문 중 하나만을 통과할 것이라고 생각하면 안 된다. 아무런 감시 장치를 부착해 두지 않은 경우에는 두 개의 창문을 통과했을 때만 만들어질 수 있는 흔적이 만들어진다. 따라서 관측하지 않는 경우에는 광자가 두 개의 창문을 동시에 통과했다고 보아야 한다. 다시 말해 광자는 1번 창문을 통과한 광자와 2번 창문을 통과한 광자가 중첩된 상태에 있었던 것이다. 이것을 식을 이용하여 나타내면 다음과 같다.

| 광자⟩ = a|1번 창문을 통과한 광자⟩ + b|2번 창문을 통과한 광자⟩

두 개로 나누어질 수 없는 하나의 광자가 두 창문을 동시에 통과

하는 불가사의한 일이 양자의 세계에서는 가능하다. 광자가 어떤 창문을 통과했는지를 알아보는 실험이 광자의 행동에 영향을 미치기 때문에 직접적인 실험을 통해서는 광자가 어떻게 창문을 통과하는지 알 수 있는 방법이 없다. 과학자들은 양자역학을 이용하여 광자가 두 창문을 동시에 통과하는 경우에 반대편 벽에 어떤 흔적을 남기는지를 계산할 수 있다. 이런 계산 결과가 벽에서 발견한 흔적과 같다면 우리는 광자가 관측하지 않는 동안에는 두 창문을 동시에 통과한다는 것을 인정해야 한다.

광자를 우리의 상식으로 이해하려고 해서는 안 됩니다. 광자가 남겨놓은 흔적으로 보아 우리가 보고 있지 않을 때 광자는 저 두 창문을 동시에 통과해 방으로 들어온 것이 틀림없어요. 우리가 사는 세상에서는 가능하지 않은 일들이 양자 세상에서는 얼마든지 일어날 수 있습니다.

도모나가 신이치로

슈뢰딩거의 고양이

∞ 광자 재판은 양자역학의 설명을 쉽게 이해할 수 있도록 하기 위해 만든 이야기이다. 그러나 양자역학에서 핵심이 되는 슈뢰딩거 방정식을 제안한 슈뢰딩거는 양자역학의 확률적 해석에 불만을 가지고 양자역학을 받아들이지 않았다. 아인슈타인과 마찬가지로 양자역

학 발전에 크게 기여한 슈뢰딩거가 양자역학을 반대한 것은 재미있는 일이다.

슈뢰딩거는 아인슈타인과 오랫동안 의논한 끝에 1935년 독일에서 발간된 『자연과학』이라는 잡지에 다음과 같은 내용이 포함된 글을 실었다. 이것은 후에 슈뢰딩거의 고양이라고 불리는 유명한 사고실험이 되었다. 사고실험이란 실제로 실험을 하는 것이 아니라 머릿속에서 논리적으로 어느 것이 옳은 것인지를 따져보는 가상 실험을 말한다.

다음과 같이 우스꽝스런 경우를 생각해보자. 고양이 한 마리가 철로 만들어진 상자 안에 갇혀있다. 이 상자 안에는 방사선을 검출할 수 있는 가이거 계수기와 미량의 방사성 원소가 들어 있다. 이 방사선 원소가 한 시간 동안에 붕괴할 확률과 붕괴하지 않을 확률이 각각 50%이다. 방사성 원소가 붕괴하면 가이거 계수기가 방사선을 검출하게 되고, 그렇게 되면 스위치가 작동되어 망치가 시안화수소산이 들어 있는 병을 깨트려서 고양이에게 치명적인 시안화수소산이 흘러나오도록 되어 있다. 이 상자를 한 시간 동안 방치해둔 후에 고양이의 상태에 대해서 어떤 이야기를 할 수 있을까? 양자역학에서는 고양이의 상태를 나타내는 파동함수는 살아있는 상태를 나타내는 파동함수와 죽어 있는 고양이를 나타내는 파동함수의 중첩으로 나타내진다고 설명한다. 고양이는 죽어 있는 상태와 살아있는 상태가 혼합된 상태에 있다가 상자를 열어 고양이의 상태를 확인하는 순간 살아있는 상태나 죽어 있는 상태 중 한 상태로 확정된다는 것이다. 관측하기 전까지는 고양이가 살아있는 상태와 죽어 있는 상태가 중첩된 상태에 있었다는 설명을 어떻게 받아들여야 할까?

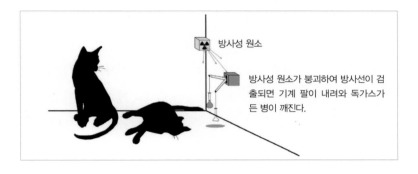

방사성 원소

방사성 원소가 붕괴하여 방사선이 검출되면 기계 팔이 내려와 독가스가 든 병이 깨진다.

■ 슈뢰딩거의 고양이 사고실험

이 사고실험의 목적은 양자역학의 설명이 명백한 모순을 가지고 있다는 것을 보여주기 위한 것이었다. 양자역학의 설명이 옳다면 방사성 원소의 원자 상태는 붕괴된 상태와 붕괴되지 않은 상태가 중첩된 상태에 있어야 한다.

$$| 원자의 상태\rangle = a|붕괴되지 않은 원자\rangle + b|붕괴된 원자\rangle$$

a와 b는 붕괴되지 않았을 확률과 붕괴되었을 확률을 나타낸다. a와 b는 시간에 따라 달라지는 값이어서 처음에는 붕괴되지 않았을 확률이 크지만 시간이 지남에 따라 붕괴되었을 확률이 증가하게 된

다. 반감기는 원소의 반이 붕괴하는 데 걸리는 시간이므로 반감기가 1시간인 원자는 한 시간 후에 붕괴될 확률과 붕괴되지 않을 확률이 각각 50%인 상태가 된다.

그런데 원자가 붕괴하면 방사선이 나오고 따라서 고양이가 죽게 된다. 그렇다면 고양이의 상태는 양자역학적으로 어떻게 설명해야 하느냐 하는 것이 슈뢰딩거 고양이의 핵심이다. 원자의 상태가 붕괴되지 않은 상태와 붕괴된 상태가 중첩된 상태라면 고양이의 상태도 죽은 고양이와 살아있는 고양이가 중첩된 상태라고 해야 하지 않느냐는 것이다.

$$| \text{고양이의 상태} \rangle = a | \text{죽은 고양이} \rangle + b | \text{살아있는 고양이} \rangle$$

양자역학의 설명대로라면 우리가 상자를 열어 고양이의 상태를 확인하기 전까지는 고양이가 이런 상태에 있다가 상자를 열어 확인하는 순간 죽은 고양이나 살아있는 고양이 중 하나로 확정되어야 하는데 그런 일이 어떻게 가능하냐는 것이다.

전자나 양성자와 같은 입자들이 두 가지 서로 다른 상태가 중첩된 상태에 있다는 것도 받아들이기 어려운데, 고양이가 살아있는 상태와 죽은 상태가 중첩된 상태로 존재한다는 것은 우리의 상식으로는 도저히 받아들일 수 없는 이상한 일이다. 슈뢰딩거가 고양이 사고실험을 제안한 후 이것은 많은 논쟁을 불러왔고, 여러 가지 설명이 제안되었다.

주도적으로 양자역학을 만든 보어를 비롯한 젊은 과학자들은 측정하는 것이 꼭 사람이어야 하는 것은 아니라고 설명했다. 방사성 원소가 내는 방사선을 측정하는 장치의 작용으로 인해 원자가 두 상태가 중첩된 상태에서 두 상태 중 하나의 상태로 결정된다는 것이다. 여러 개의 원자들이 모여 분자를 이루고 있는 경우 원자들 사이의 상호작용으로 중첩된 상태 중 하나의 상태에 있게 된다. 따라서 중첩된 상태는 원자 단위의 입자들만이 가질 수 있는 상태이다. 측정 장치의 작용으로 원자가 두 상태 중 하나로 고정되면 고양이 역시 살아있거나 죽은 고양이 중 하나로 정해진다. 따라서 상자 뚜껑을 열어 보기 전에도 고양이는 죽었거나 살아있는 고양이 중 하나라는 것이다.

그러나 슈뢰딩거의 고양이를 전혀 다른 방법으로 해석하는 사람들도 있었다. '앙상블 해석'이라고 부르는 또 다른 해석에서는 슈뢰딩거의 고양이를 확률적으로 해석한다. 다시 말해 상자 속의 고양이가 살아있을 확률이 50%이고 죽어 있을 확률이 50%라는 것은 한 마리의 고양이가 죽은 상태와 살아있는 상태가 중첩된 상태에 있다

양자역학이 옳다면 고양이가 죽었는지 살았는지 확인하기 전까지는 고양이가 반은 죽고, 반은 살아있어야 합니다. 그런 고양이는 있을 수 없습니다. 그것은 양자역학이 완전하지 않다는 것을 나타냅니다. 나는 내가 만든 방정식이 이렇게 해석되는 것에 불만이 많습니다. 이렇게 될 줄 알았으면 나는 슈뢰딩거 방정식을 만들지 않았을 것입니다.

슈뢰딩거

는 것이 아니라 많은 고양이가 있을 때 그 중의 반은 죽어 있고 반은 살아있다는 것을 뜻한다는 것이다. 예를 들어 방사성 원소와 고양이가 든 상자가 1억 개 있을 때 한 시간 후에 그 중의 5000만 상자의 고양이는 살아있고 나머지 5000만 상자 속의 고양이는 죽어 있다는 것을 나타낸다는 것이다.

앙상블 해석을 전자와 같은 작은 입자들에 적용하면, 전자가 여러 가지 다른 상태가 중첩된 상태에 있다는 것이 아니라 수없이 많은 전자들이 여러 가지 다른 상태에 있고, 상태를 나타내는 식은 어떤 상태에 얼마나 많은 전자들이 분포해 있는지를 나타낸다고 설명할 수 있다. 광자가 두 개의 창문을 동시에 통과하는 것이 아니라 수많은 광자 중의 반은 한 창문을 통과하고 다른 반은 또 다른 슬릿을 통과한다고 설명하는 것이다.

그러나 이러한 해석을 받아들이면 양자역학은 전자와 같은 입자 하나하나의 물리적 상태를 기술하는 역학이 아니라 전자 집단의 상태만 기술할 수 있는 것이 된다. 따라서 양자역학이 입자 하나하나의 상태를 충분히 설명하고 있다고 믿고 있던 보어를 비롯한 젊은 과학자들은 이런 설명을 받아들이지 않았다.

슈뢰딩거 고양이의 또 다른 해석에는 '여러 세상 해석'이라고 부르는 해석도 있다. 미국의 물리학자 휴 에버렛이 1954년에 제안한 여러 세상 해석은 슈뢰딩거 고양이에 대한 여러 해석 중에서 가장 이상해 보이는 해석이다. 에버렛은 측정으로 인해 중첩된 상태 중에서 하나의 상태로 고정되는 것이 아니라 두 가지 다른 상태를 포함

하고 있는 두 개의 우주로 분리
된다는 것이다.

슈뢰딩거 고양이의 경우에는
상자 뚜껑을 열어 고양이의 상태
를 확인하는 순간 살아있는 고양
이를 포함하고 있는 우주와 죽어
있는 고양이를 포함하고 있는 우
주로 분리된다는 것이다. 이 중
의 한 우주에 속해 있는 우리는
고양이가 죽었거나 살아있는 상
태 중 하나로 고정되었다고 생각

■ 고양이를 측정할 때 고양이가 살아있는 우주와 죽어 있
는 우주로 나누어진다.

한다는 것이다. 그렇게 되면 죽어 있는 고양이가 있는 우주에서 죽은
고양이를 바라보고 있는 나와 살아있는 고양이가 있는 우주에서 살
아있는 고양이를 바라보는 내가 존재하게 된다.

그러나 어느 한 우주에 속해 있는 나는 다른 우주에 있는 나의 존
재를 알 수 없기 때문에 내가 있는 우주가 우주의 전체라고 생각한다
는 것이다. 여러 세상 해석이 옳다면 우주 전체에서 매 순간 일어나
고 있는 수많은 양자적 사건으로 인해 우주는 계속적으로 수없이 많
은 우주로 분리되고 있어야 한다.

상식적인 사람들 중에 얼마나 많은 사람들이 측정할 때마다 우
주가 두 개로 분리된다는 이런 설명에 동의할 수 있을까? 그러나
1997년 있었던 양자역학 워크숍에 참석했던 물리학자들을 대상으

실험결과를 설명할 수 있고 새로운 실험결과를 예측할 수 있으면, 그 이론이 우리 상식과 맞지 않더라도 옳은 이론으로 받아들여야 합니다. 과학이론은 실험을 할 때 어떤 결과가 나오는가를 설명할 수 있으면 충분합니다. 실험결과를 설명하는 이상의 것은 과학의 영역이 아니라고 생각합니다. 양자역학은 원자와 관련된 많은 실험결과를 잘 설명하고 있습니다. 양자역학에는 아무런 문제가 없습니다.

보어

로 한 여론조사에서 여러 세상 해석은 보어를 비롯한 젊은 학자들의 해석 다음으로 많은 지지를 받았다. 우리는 이것을 어떻게 받아들여야 할까?

EPR 역설

∞ 보어를 중심으로 한 젊은 학자들의 양자역학 해석을 받아들일 수 없었던 아인슈타인은 1935년에 보리스 포돌스키, 나단 로젠과 함께 〈물리적 실재에 대한 양자물리학적 기술은 완전하다고 할 수 있을까?〉라는 제목의 논문을 발표했다. 이들이 제기한 문제는 세 사람 이름의 머리글자를 따서 EPR 역설이라 부르게 되었다. 이 논문에서 그들은 서로 멀리 떨어져 있는 두 체계는 동시에 서로 영향을 줄 수 없다고 주장했다. 멀리 떨어져 있는 입자들이 서로 영향을 주고받기 위해서는 어떤 형태로든 정보를 주고받아야 하는데 그런 정보가

전달되기 위해서는 시간이 필요
하다는 것이다.

그러나 양자역학의 설명이
옳다면 하나의 입자에서 측정한
것이 멀리 떨어져 있는 다른 입
자에 즉시 영향을 줄 수 있어야
한다. 우리는 앞에서 전자의 스
핀을 ↑와 ↓의 기호를 이용하여

■ 양자역학에 의하면 두 입자가 얽힘 상태에 있는 경우 측
정을 통해 한 입자의 스핀 상태를 결정하면 그 즉시 멀리 떨
어져 있는 다른 입자의 스핀 상태가 결정되어야 한다.

나타냈다. 양자역학의 설명에 의하면 전자는 ↑의 스핀 상태와 ↓의
스핀 상태가 중첩된 상태에 있다가 측정을 하면 ↑의 스핀 상태와 ↓
의 스핀 상태 중 하나의 상태로 확정된다.

$$| 전자의 스핀 상태\rangle = a|\uparrow\rangle + b|\downarrow\rangle$$

실험을 통해 과학자들은 감마선과 같이 큰 에너지를 가지고 있는
전자기파가 전자와 양전자를 만들어내는 것을 확인했다. 이때는 항
상 전자와 양전자가 함께 만들어지기 때문에 이것을 쌍생성이라고
부른다.

쌍생성에 의해 만들어진 전자의 스핀 상태가 |↑〉와 |↓〉가 중첩
된 상태이면 양전자의 스핀 상태 역시 |↑〉와 |↓〉가 중첩된 상태여야
한다. 이렇게 두 입자가 서로 연관되어 있는 상태에 있을 때 두 입자
가 얽힘 상태에 있다고 말한다. 감마선이 전자와 양전자를 만들어낼

때는 얽힘 상태에 있는 전자와 양전자를 만들어내게 된다.

그런데 만약 측정을 통해 전자의 스핀 상태가 $|\uparrow\rangle$ 상태로 정해지면 그와 동시에 양전자의 스핀 상태는 $|\downarrow\rangle$ 상태로 정해져야 한다. 감마선은 스핀을 가지고 있지 않으므로 감마선에서 만들어진 전자와 양전자의 스핀 상태를 합하면 0이 되어야 하기 때문이다.

이제 감마선에서 만들어진 전자와 양전자가 $|\uparrow\rangle$와 $|\downarrow\rangle$가 중첩된 상태를 유지한 채 서로 멀어져 두 입자 사이의 거리가 1광년이나 되었다고 가정해보자. 이때 전자의 스핀을 측정해서 전자의 스핀 상태가 $|\uparrow\rangle$로 정해진다면 그와 동시에 1광년 떨어져 있는 양전자의 스핀 상태는 $|\downarrow\rangle$로 고정되어야 한다는 것이 양자역학의 설명이라는 것이다. EPR 역설을 주장한 과학자들은 상대성이론에 의하면 모든 정보는 빛의 속력보다 더 빠른 속력으로 전달될 수 없으므로 이것은 상대성이론에 어긋난다고 지적하고, 이러한 모순이 생기는 것은 양자역학이 완전하지 않기 때문이라고 주장했다.

문제의 답은 항상 실험에 있다. 여러 가지로 EPR 역설을 검토한 과학자들은 EPR 역설을 확인할 수 있는 실험을 고안했다. 1970년대와 1980년대에 아주 짧은 거리에서 얽힘 상태가 실제로 존재한다는 것을 확인한 과학자들은 1997년에는 좀 더 먼 거리에서 실험을 했다.

1997년에 오스트리아의 비엔나대학과 오스트리아 과학아카데미의 연구자들은 800미터 떨어져 있는 다뉴브 강의 반대편에 있는 실험실까지 공공 하수구를 통해 광섬유를 연결했다. 그들은 800미터 떨어져 있는 실험실에서 행한 실험이 다른 실험실에 있는 얽힘 상태

멀리 떨어져 있는 두 입자는 빛의 속력보다 더 빠른 속력으로 정보를 교환할 수 없습니다. 그러나 양자역학은 그것이 가능하다고 말합니다. 그것은 양자역학이 완전하지 않기 때문입니다. 양자역학이 원자의 성질을 설명하는 데 성공적이라는 것은 잘 알고 있습니다. 그러나 완전한 역학은 아닙니다. 우리는 양자역학을 받아들일 수 없습니다!!!

아인슈타인(E)   포돌스키(P)   로젠(R)

에 있는 광자에 즉시 영향을 주는 것을 확인했다.

이것은 뉴턴역학에서나 아인슈타인의 상대성이론에서의 시간과 공간의 개념이 양자역학에서는 더 이상 유효하지 않다는 것을 의미한다. 아인슈타인의 시공간에서는 한 지역에서 일어난 사건이 다른 지역에서 일어난 사건에 영향을 주기 위해 시간의 흐름이 필요하다. 빛보다 빨리 전달되는 신호는 없기 때문이었다. 그러나 양자 세상에서의 얽힘 상태는 공간과 시간을 뛰어넘는 것이었다.

양자역학의 설명은 우리의 상식으로 이해할 수 없는 것들이 많이 있다. 그러나 아직 양자역학이 예측한 결과가 틀렸다는 결정적인 증거를 찾아내지 못했다. 따라서 과학자들은 양자역학이 이상한 것이 아니라 원자보다 작은 세상이 이상하기 때문에 이런 세상을 설명하는 양자역학이 이상해 보일 수밖에 없다고 생각하고 있다.

양자역학 밖으로 나간
상보성 원리

닐스 보어는 양자역학과 관련된 현상을 설명하기 위해 상보성 원리를 제안했다. 다른 실험을 통해서는 두 가지 다른 상태를 측정할 수 있지만 동시에 두 가지 상태를 측정하는 것은 불가능하다는 상보성 원리는 원자보다 작은 세상에서 일어나는 일들을 설명하는 데 매우 유용하다. 그러나 보어는 상보성 원리를 양자역학과는 아무 관계가 없어 보이는 좀 더 일반적인 경우에도 확대 적용했다.

보어는 생명체를 전체적으로 하나의 개체로 볼 수도 있지만 수많은 분자의 집합체로 볼 수 있는 것도 상보성 원리라고 했다. 하나의 개체로서의 생명체와 분자의 집합체로서의 생명체는 같은 실험을 통해 동시에 다룰 수 없기 때문에 상보성 원리가 적용된다는 것이다.

폭넓은 의미의 상보성 원리는 과학과 종교 사이에도 적용할 수 있다. 종교적인 면과 과학적인 면을 동시에 관측하는 것이 불가능하다는 것이다. 종교적인

양자역학이 이상한 것은 양자역학 때문이 아니라 원자보다 작은 세상이 이상하기 때문입니다. 양자역학이 이상하다고 생각하는 사람은 양자역학을 아직 제대로 이해하지 못하고 있는 사람입니다.

보어

경험을 통해 우주를 파악하면 신성함을 발견할 수 있지만 성단과 은하의 운동 원리를 알 수는 없다. 우주를 과학적으로 파악하면 별의 탄생과 성장, 그리고 죽음의 과정을 파악할 수는 있지만 우주에서 신의 영광을 발견할 수는 없다.

상보성 원리는 하나님의 속성에도 적용할 수 있다. 성경에 기록되어 있는 하나님에 대한 설명을 종합해보면 하나님은 어떤 죄도 용서해 주시는 가장 자비로운 존재인 반면 죄의 경중을 가리지 않고 죄의 대가는 죽음뿐이라고 선언한 가장 공의로운 존재이기도 하다. 하나님이 모든 것을 용서해 주시는 가장 자비로운 존재라면 죄를 지어도 그것 때문에 처벌 받을 것을 걱정하지 않아도 될 것이다. 그러나 모든 죄에는 틀림없이 벌을 내리는 공의로운 하나님이라면 이웃을 흉보는 죄도 짓지 말고 살아야 한다. 죄의 대가는 사망뿐이기 때문이다.

그렇다면 하나님은 한없이 자비로운 존재일까? 아니면 공의로운 존재일까? 하나님이 자비로운 존재인지, 아니면 공의로운 존재인지는 하나님 자체의 문제가 아니라 하나님과 그 사람의 관계에 따라 달라지는 것일지도 모른다. 하나님의 자비로운 면만을 보고 경험하며 살아가는 사람에게는 하나님의 사랑이 충만

한 자비로운 존재이고, 하나님의 공의로운 면만을 보고 느끼면서 살아가는 사람은 하나님을 한없이 두려운 공의의 하나님이라고 생각할 것이다.

양자역학의 설명을 빌리면 하나님의 본질은 자비로운 존재와 공의로운 존재가 중첩된 존재이고, 우리가 경험하는 자비로운 하나님과 공의로운 하나님은 우리의 경험과 하나님의 본질이 상호작용하여 만들어낸 결과라고 할 수 있다. 이것은 우리가 파악하는 것이 세상의 본질이 아니라 세상과 우리가 상호작용하여 만들어낸 결과임을 뜻한다. 상보성 원리는 곰곰이 다시 생각해 보아야 할 원리임에 틀림없다.

10장

양자역학의 이용

두 개의 노벨상을
받은 과학자들

    안전한 폭약인 다이너마이트를 발명하여 사업에 성공한 스웨덴의 알프레드 노벨의 유언에 따라 1901년부터 수여하기 시작한 상이 노벨상이다. 노벨상은 한 분야에서 세 명까지 공동 수상자를 선정할 수 있으며, 살아있는 사람에게만 수여한다. 지금까지 노벨상을 받은 많은 과학자들 가운데 2개의 노벨상을 받은 과학자는 4명뿐이다.

    폴란드 출신으로 프랑스에서 활동했던 마리 퀴리는 방사선을 연구한 공로로 1903년에 남편 피에르 퀴리와 함께 노벨 물리학상을 수상했고, 1911년에는 라돈과 폴로늄을 발견한 공로로 노벨 화학상을 받았다. 2개의 다른 과학 분야에서 노벨상을 받은 과학자는 마리 퀴리가 유일하다. 1911년에 피에르 퀴리가 공동으로 노벨상을 수상하지 못한 것은 1906년에 마차 사고로 사망했기 때문이었다.

    영국의 생화학자인 프레데릭 생어는 인슐린의 아미노산 배열 순서를 규명한 공로로 1958년에 노벨 화학상을 받았고, 1980년에는 핵산의 염기서열을 분석하는 기술을 개발하여 유전자의 기본 구조와 기능 연구에 공헌한 공로로 노벨 화학상을 받았다. 노벨 화학상을 2번 받은 사람은 생어가 유일하다. 미국의 화학자였던 라이너스 폴링은 화학 결합 이론의 기초를 만든 공로로 1954년에 노벨 화학상을 받았고, 평화운동을 이끈 공로로 1962년에 노벨 평화상을 받았다. 과학 분야에서 노벨상을 받고 노벨 평화상을 받은 사람은 폴링이 유일하다.

노벨 물리학상을 두 번 받은 과학자는 미국의 물리학자 존 바딘이 유일하다. 그렇다면 바딘은 어떤 사람이었을까? 1908년 미국 위스콘신 주에 있는 매디슨에서 태어난 바딘은 매디슨에서 고등학교를 졸업한 후 위스콘신대학에 진학하여 전기공학을 공부했다. 대학을 다니는 동안 전기공학과 함께 물리학과 수학에 대한 공부도 했던 바딘은 5년 만에 학사학위를 받았다. 대학원에 진학한 바딘은 1년 만인 1929년에 전기공학 석사학위를 받았다.

대학원을 졸업한 후 회사 연구소에 취직하여 지질물리학을 연구하기도 했지만, 3년 만에 이를 그만 두고 프린스턴대학 대학원에 들어가 수학과 물리학을 공부하고, 1936년에 물리학 박사학위를 받았다. 그 후 하버드대학에서 3년 동안 연구원으로 일하기도 했고, 제2차 세계대전 동안에는 해군 연구소에서 근무하기도 했던 바딘은 1945년부터 벨연구소에 근무하기 시작했다. 바딘은 벨연구소에서 윌리엄 쇼클리가 책임자로 있던 고체물리 연구실에서 월터 브래튼과 함께 진공관을 대신할 새로운 전자부품을 만드는 연구를 시작했다. 1947년 바딘의 연구팀은 반도체를 이용하여 증폭작용을 하는 트랜지스터를 만들어내는 데 성공했다.

그러나 트랜지스터를 발명한 후 트랜지스터 발명에 대한 공헌도를 놓고 연구원들 사이에 논란이 일어나자, 1951년 바딘은 벨연구소를 그만 두고 일리노이대학으로 옮겨 초전도체에 대한 연구를 시작했다.

일리노이대학에서 바딘은 초전도체에 대한 연구를 하는 한편 반도체에 대한 연구도 병행했다. 바딘이 트랜지스터를 발명한 공로로 첫 번째 노벨 물리학상을 받은 것은 그가 일리노이대학에서 초전도체를 연구하고 있던 1956년이었다. 첫 번째 노벨상을 수상한 다음 해인 1957년에 바딘은 동료 교수였던 리언 쿠퍼, 그리고 박사과정 학생이었던 로버트 슈리퍼와 함께 초전도의 성질을 설명하는 이론이 담긴 논문을 발표했다. 이 이론은 세 사람 이름의 머리글자를 따서 BCS이론이라고 부른다. 1972년 바딘은 쿠퍼, 그리고 슈리퍼와 함께 초전도체의 성질을 밝혀낸 공로로 두 번째 노벨 물리학상을 받았다.

그렇다면 바딘이 개발한 트랜지스터와 초전도체는 어떤 원리로 작동할까? 양자역학은 트랜지스터와 초전도체와 어떤 관련이 있을까? 그리고 양자역학은 이 외에 또 어떤 분야에서 사용되고 있을까?

내가 노벨 물리학상을 두 번이나 받게 된 것은 어쩌면 운이 좋았기 때문이었습니다. 그러나 내가 열심히 연구했던 것도 사실입니다. 그냥 운이 좋기만 해서는 노벨상을 두 번이나 받을 수는 없습니다. 우선 열심히 노력해야 하고, 그 다음에 운이 좋아야 합니다.

꼭 과학 연구에서만 그런 것이 아닙니다. 스포츠 경기는 물론 살아가는 데서도 우선 열심히 한 다음에 운도 좋아야 좋은 결과가 나옵니다. 열심히 하지 않으면 아무리 운이 좋아도 아무 것도 얻을 수 없습니다.

바딘

세상을 바꿔놓은 다이오드와 트랜지스터

∞ 양자역학은 원자의 내부 구조를 이해할 수 있도록 하여 원자에 대한 지식을 바탕으로 한 현대문명이 발전하는 데 크게 기여했을 뿐만 아니라 전자를 통제할 수 있도록 하여 전자공학 시대의 기초가 되었다. 컴퓨터 앞에 앉아 자판을 누르면 컴퓨터가 기계를 작동시키기도 하고, 멀리 있는 정보를 날라다 주기도 하며, 음악이나 영화를 감상할 수 있도록 해주기도 한다. 컴퓨터 안에서 이런 일들을 하는 것은 전자들이다. 자판을 눌러 전자들에게 어떤 일을 할 것인지를 알려주면 전자들은 불평 한 마디 없이 우리가 내린 명령을 수행한다. 전자가 이렇게 우리의 지시를 잘 따르도록 할 수 있는 것은 양자역학을 통해 전자가 어떻게 행동하는지를 이해할 수 있게 되었기 때문이다.

모든 물질은 전기가 얼마나 잘 통하느냐에 따라 도체, 부도체, 그리고 반도체로 나눌 수 있다. 도체는 전기가 잘 통하는 물질이고, 부도체는 전기가 거의 통하지 않는 물질이며, 반도체는 전기저항이 도체와 부도체의 중간 정도인 물질이다. 물질이 이렇게 도체, 부도체, 반도체로 나누어지는 것은 물질 안에 있는 전자들이 가질 수 있는 에너지가 양자화되어 있기 때문이다.

하나의 원자 안에는 몇 개의 전자들이 있지만 많은 원자들로 이루어진 물질 안에는 아주 많은 수의 전자들이 있다. 몇 안 되는 원자 안의 전자들은 띄엄띄엄 떨어져 있는 에너지를 가질 수 있지만, 물질 안의 전자들은 촘촘히 배열된 에너지 준위를 가지고 있다. 전자가 가

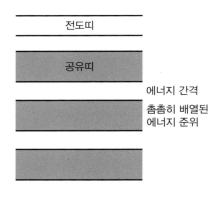

전도띠

공유띠

에너지 간격
촘촘히 배열된
에너지 준위

■ 물질 안에서 전자의 에너지띠 구조

질 수 있는 에너지가 띄엄띄엄 떨어져 있으면 받아들이거나 방출하는 에너지가 한정된다. 그러나 에너지 준위가 촘촘히 배열되어 있으면 적은 에너지도 쉽게 받아들일 수 있다.

그런데 물질 안에 있는 전자들이 가질 수 있는 모든 에너지 준위들이 촘촘히 배열되어 있는 것이 아니라 일정한 영역의 에너지는 가질 수 없는 에너지 간격이 존재한다. 전자가 가질 수 있는 에너지가 촘촘히 배열되어 있는 부분을 에너지띠라고 하고 건너뛰는 부분을 에너지 간격, 또는 에너지 틈이라고 한다. 물질이 도체, 부도체 반도체로 나누어지는 것은 물질 안의 전자들이 에너지띠들을 어떻게 채우고 있는지, 그리고 에너지 간격이 얼마나 넓은지에 의해 결정된다.

물질 안에 있는 전자들에도 배타원리가 적용되기 때문에 같은 에너지 준위에 두 개 이상의 전자들이 들어갈 수 없다. 따라서 전자들이 아래서부터 차례로 에너지띠를 채우게 된다. 전자들이 모두 채워진 가장 위쪽에 있는 에너지띠를 공유띠라고 부른다. 그리고 공유띠보다 위쪽에 있는 전자가 일부만 채워져 있거나 비어 있는 에너지띠를 전도띠라고 한다.

전도띠가 일부만 채워져 있는 물질이나, 공유띠와 전도띠 사이의 간격이 아주 작은 물질이 도체이다. 이런 물질에서는 전자들이 쉽게 외부에서 에너지를 받아들여 이동할 수 있어서 전류가 잘 흐른다. 전도띠에는 전자들이 채워져 있지 않고, 공유띠와 전도띠 사이의 에너지 간격이 큰 물질은 부도체가 된다. 그러나 공유띠와 전도띠 사이의 간격이 중간 정도이면 반도체가 된다. 부도체는 에너지 간격이 커서 전자들이 전도띠로 올라가는 것이 어렵다. 따라서 외부의 에너지를 쉽게 받아들이지 않는다. 그러나 에너지 간격이 중간 정도인 반도체는 어느 정도 전류가 흐른다.

도체는 도선으로 사용하고 부도체는 절연물질로 사용할 수 있지만 반도체는 전기적으로 쓸모가 없는 물질이라고 생각했다. 그러나 반도체에 약간의 불순물을 첨가하면 p-형 반도체와 n-형 반도체를 만들 수 있다는 것을 알게 되었다. n-형 반도체는 첨가한 불순물로 인해 전도띠로 쉽게 올라갈 수 있는 전자의 에너지 준위가 만들어진

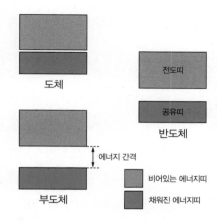

■ 도체, 부도체, 반도체의 에너지띠 구조

반도체이고, p-형 반도체는 공유띠의 전자들을 받아들일 수 있는 전자의 에너지 준위가 만들어진 반도체이다.

p-형 반도체와 n-형 반도체를 접합하면 한 방향으로만 전류가 흐르게 할 수 있는 다이오드가 만들어진다. 교류를 직류로 만드는 정류작용이나, 전압의 방향에 따라 전류를 흐르거나 차단하는 스위치

역할을 하는 다이오드는 전자기기에 많이 사용되는 중요한 부품이다. 다이오드를 처음 만든 것은 1941년 독일의 지멘스사였다.

작은 신호를 큰 신호로 증폭하거나 전류를 흐르게 하거나 차단하는 스위치 역할을 하는 트랜지스터는 두 개의 n-형 반도체 가운데 p-형 반도체를 끼워 넣거나(npn), 두 개의 p-형 반도체 가운데 n-형 반도체를 끼워 넣어(pnp) 만든다. 트랜지스터는 모든 전자기기에서 사용되는 가장 중요한 부품이다. 트랜지스터는 1947년에 미국 벨연구소에서 윌리엄 쇼클리, 월터 브래튼, 존 바딘이 공동으로 개발했다.

다이오드나 트랜지스터와 같은 반도체 소자는 수명이 길고, 전력 소모도 적으며, 가격도 싸다. 얼마든지 작은 크기로 만들 수 있다는 것도 다이오드나 트랜지스터의 장점 중 하나이다. 따라서 다이오드나 트랜지스터의 발명은 전자공학을 크게 발전시키는 발판이 되었다. 다이오드나 트랜지스터와 같은 반도체 소자의 유일한 단점은 열에 약하다는 것이다. 높은 온도에서는 공유띠에 있던 전자들이 쉽게 전도띠로 올라가 반도체의 성질을 잃고 도체와 비슷한 성질을 가지게 되기 때문이다. 따라서 반도체 소자를 사용하는 전자제품에는 온도를 낮게 유지하기 위한 장치가 필요하다.

요즘 널리 사용되고 있는 집적회로(IC)는 재료공학 기술을 이용하여

■ 최초로 만든 트랜지스터의 복제품

아주 작은 크기의 반도체에 많은 수의 다이오드와 트랜지스터를 심어 넣어 복잡한 기능을 수행하도록 만든 것이다. IC 칩을 처음 만든 사람은 미국 텍사스 인스트루먼트 반도체 회사에 근무하던 잭 킬비였다. 킬비가 IC 칩을 처음 만든 것은 1958년 9월이었다. 그 후 집적 기술의 발전으로 IC 칩 하나가 복잡한 일을 처리할 수 있는 능력을 갖게 되어 점점 더 작으면서도 더 많은 일을 효율적으로 할 수 있는 전자제품을 만들 수 있게 되었고, 엄청난 양의 정보를 아주 작은 칩 속에 보관할 수 있게 되었다.

오늘날 우리가 사용하는 대부분의 전자기기 안에는 복잡한 기능을 하는 IC 칩이 내장되어 있다. 컴퓨터나 스마트폰은 물론이고 건축이나 토목공사에 사용되는 거대한 기계, 도로를 달리는 각종 자동차, 하늘을 날아다니는 비행기, 가정에서 사용하는 전자기기에도 IC 칩이 들어 있다. 로봇을 움직이게 하는 것도 모두 여러 가지 복잡한 기능을 가지고 있는 IC 칩이다. 양자역학을 바탕으로 작동하는 반도체

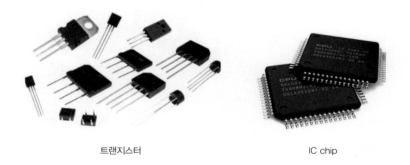

트랜지스터   IC chip

■ 여러 가지 모양의 트랜지스터와 수많은 트랜지스터가 내장되어 있는 IC chip

소자와 반도체 소자를 이용해 제작된 IC 칩이 세상을 움직이고 있다고 해도 과언이 아니다.

초전도체

∞ 도체와 부도체는 온도가 올라가면 전기저항이 커지고 온도가 내려가면 전기저항이 작아진다. 온도가 올라가면 물체를 이루는 원자들의 운동이 활발해져 전자의 진행을 방해하기 때문이다. 그렇다면 아주 낮은 온도에서는 전기저항이 어떻게 될까? 발전된 냉각기술을 이용하여 낮은 온도에서 전기저항이 어떻게 되는지 연구하던 과학자들은 1911년 절대 0도 부근에서는 갑자기 전기저항이 0이 되는 현상을 발견했다. 전기저항이 0인 물질이 초전도체이다.

액체 헬륨의 전기저항은 4.2K에서 갑자기 0으로 변한다. 1913년에는 납이 7K에서 초전도체로 변한다는 것을 알아냈고, 1941년에는 니오븀이 16K에서 초전도체로 변하는 것을 발견했다. 초전도체가 발견된 후 초전도체가 어떻게 만들어지는지를 설명하는 여러 가지 이론이 제안되었다. 그러나 초전도 현상을 설명하는 완전한 이론은 1957년 미국의 존 바딘, 리언 쿠퍼, 그리고 로버트 슈리퍼에 의해 제안되었다. 이들이 제안한 이론은 세 사람 이름의 머리글자를 따서 BCS 이론이라고 부른다.

BCS 이론에 의하면 음전하를 띠고 있어 서로 반발하는 전자들이 물질을 이루는 원자들의 진동과 상호작용하면 쌍을 이루게 된다. 이 전자쌍을 쿠퍼쌍이라고 한다. 이렇게 만들어진 전자쌍의 에너지 준위는 보통 상태에 있는 전자들의 에너지 준위보다 낮다. 따라서 보통 상태의 전자들과 초전도 상태의 전자쌍 에너지 준위 사이에는 간격이 생긴다.

쿠퍼쌍을 이룬 전자의 에너지 상태와 보통의 전자 상태 사이에 생긴 에너지 간격으로 인해 전자쌍들이 에너지를 흡수할 수 없기 때문에 전자가 에너지를 잃지 않고 원자들 사이를 통과할 수 있다. 초전도체에서는 전자쌍이 모든 에너지를 가지는 것이 아니라 양자화된 에너지만을 가질 수 있기 때문에 생기는 현상이다. BCS 이론으로는 극저온에서 초전도체가 만들어지는 현상을 잘 설명할 수 있다.

1980년대까지 과학자들은 BCS 이론에 의해 절대 온도 30K 이상에서는 초전도체가 만들어질 수 없다고 생각했다. 그러나 1986년에 35K에서 초전도체로 변하는 물질을 찾아냈고, 1987년에 92K에서 초전도체가 되는 물질을 만들어냈다. 이 초전도체의 임계온도는 액체 질소 온도(77K)보다 높다. 액체 질소 온도는 큰 비용을 들이지 않고도 쉽게 만들 수 있기 때문에 이런 초전도체는 실용성이 크다. 질소가 액체로 바뀌는 온도(77K)는 -196℃ 정도여서 아주 낮은 온도지만 초전도체를 연구하는 사람들에게는 높은 온도여서 이런 초전도체를 고온 초전도체라고 부른다. 고온 초전도체가 어떻게 만들어지는지 설명할 수 있게 되면 일상생활을 하는 온도에서 초전도체로 변하는 상온 초전도체의 개발도 가능할 것이다.

초전도체는 큰 전류를 이용하여 강한 자기장을 만들어야 하는 입자가속기와 같은 과학 연구 시설이나 자기부상열차에 사용되고 있다. 만약 상온에서 초전도체로 변하는 상온 초전도체가 개발된다면 전기 관련 분야에 혁명적인 변화를 가져올 것이다. 따라서 물리학자들은 새로운 초전도 물질을 개발하기 위해 많은 노력을 기울이고 있다.

터널링 효과와 USB 메모리

∞ 양자역학을 통해 새롭게 발견된 현상 중에서 가장 널리 사용되는 현상이 터널링 현상이다. 터널링이 어떤 것인지 알기 위해 언덕으로 공을 밀어올리는 경우를 생각해보자. 공을 강하게 밀어서 공의 운동에너지가 언덕의 위치에너지보다 크면 공이 언덕을 넘어갈 수 있다. 그러나 공의 운동에너지가 언덕의 위치에너지보다 작으면 공이 언덕을 올라가다가 다시 내려온다. 뉴턴역학에서는 언덕의 위치에너지보다 작은 운동에너지를 가지고 있는 공이 언덕을 넘어가는 일은 절대로 일어나지 않는다.

그러나 양자역학의 계산에 의하면 장애물의 위치에너지보다 작은 운동에너지를 가지고 있는 전자도 장애물을 지나갈 가능성이 있다. 다시 말해 작은 에너지를 가지고도 장애물을 뚫고 지나갈 수도 있다. 장애물을 뚫고 지나갈 수 있다는 의미에서 이런 현상을 터널링이라고 부르게 되었다. 장애물을 뚫고 지나갈 확률은 운동에너지와

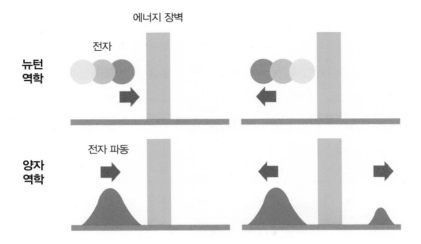

■ 뉴턴역학에 의하면 전자는 높은 에너지 장벽을 통과할 수 없지만 양자역학에 의하면 일부 전자는 에너지 장벽을 통과할 수 있다.

위치에너지의 차이가 작으면 작을수록 더 커지고, 장애물의 너비가 좁을수록 더 커진다.

터널링 현상을 이용하면 뉴턴역학으로 설명할 수 없었던 원자핵의 방사성 붕괴를 설명할 수 있다. 불안정한 원자핵은 시간을 두고 일정한 비율로 서서히 붕괴하여 안정한 원자핵으로 바뀐다. 뉴턴역학에 의하면 역학적으로 불안정한 원자핵은 즉시 붕괴해야 한다. 그러나 실제 방사성 붕괴는 반감기를 가지고 서서히 일어난다. 방사성 붕괴를 시작할 때의 질량이 100이었다면 반감기가 지난 다음에는 50이 되고, 그때부터 다시 반감기가 지나면 25가 된다. 이것은 방사성 붕괴가 확률 과정이라는 것을 나타낸다. 다시 말해 반감기 동안에 불안정한 원자핵이 붕괴할 확률이 50%인 것이다.

처음 원자핵의 방사성 붕괴가 반감기를 가지고 서서히 일어난다는 것이 발견되었을 때 과학자들은 방사성 붕괴를 역학적으로 설명할 수 없었다. 그러나 원자핵에서 방사선이 나오는 과정이 터널링이라는 확률 과정에 의한다는 것을 알게 되면서 모든 문제가 해결되었다. 원자핵 안에 있는 입자들이 가지고 있는 운동에너지는 핵력에 의한 위치에너지보다 작기 때문에 뉴턴역학에 의하면 밖으로 나올 수 없다. 그러나 터널링 현상에 의해 핵력에 의한 위치에너지 장벽을 뚫고 나올 수 있는 확률이 0이 아니므로 계속 벽에 부딪히다 보면 밖으로 나오게 된다.

이때 입자가 원자핵을 탈출할 확률은 입자가 가지고 있는 에너지와 에너지 장벽의 높이, 그리고 에너지 장벽의 두께에 의해 달라진다. 원자의 종류에 따라 원자핵 안에 들어 있는 양성자와 중성자의 수가 다르기 때문에 에너지 장벽의 높이와 너비가 달라진다. 따라서 원자의 종류에 따라 원자핵 안에 있던 입자들이 밖으로 나올 확률이 달라진다. 원자의 종류에 따라 반감기가 다른 것은 이 때문이다.

터널링 효과는 우리 일상생활에서도 널리 사용되고 있다. 컴퓨터 시대에는 복잡한 계산을 빠르게 수행하는 성능 좋은 컴퓨터를 가지고 있는 것도 중요하지만 많은 정보를 효과적으로 저장하는 것도 중요하다. 예전에는 정보를 저장하는 데 강자성체 물질로 만든 저장장치가 널리 사용되었다. 카세트테이프, 비디오테이프, 하드디스크와 같은 것들이 강자성체를 이용한 정보 저장장치이다.

그러나 최근에는 usb 메모리라는 저장장치가 널리 사용되고 있다. usb 메모리는 양자역학의 터널링 현상을 이용하여 정보를 저장하거나 제거한다. usb 메모리는 트랜지스터에 도체를 부도체가 둘러싸고 있는 플로팅 게이트를 설치하고 여기에 정보를 저장한다. 플로팅 게이트가 전하로 대전되어 있느냐 아니냐가 정보가 되는 것이다. 정보를 저장하거나 정보를 삭제하기 위해서는 플로팅 게이트에 전하를 주입시키거나 방전시키면 된다. 그런데 플로팅 게이트는 부도체가 도체를 둘러싸고 있어 전자들이 쉽게 들어가거나 나갈 수 없다.

하지만 플로팅 게이트에 일정한 전압을 걸어주면 전자가 플로팅 게이트를 둘러싸고 있는 부도체 장벽을 뚫고 안으로 들어가거나 밖으로 나올 확률이 커진다. 따라서 많은 전자들이 들어가고 나갈 수 있다. 그러나 전압을 걸어주지 않으면 터널링이 일어날 확률이 아주 낮아져 전자가 나오거나 들어갈 수 없어 정보가 사라지지 않고 오랫동안 저장된다. 스마트폰이나 카메라에서 사용하는 저장장치나 컴퓨터에서 사용하는 SSD는 모두 이런 원리로 작동하고 있다.

터널링 현상을 이용하는 현미경

∞ 터널링 현상은 아주 작은 물체를 보는 현미경에서도 사용하고 있다. 빛을 이용하는 광학현미경의 최고 배율은 1000배 정도이다. 따라서 광학현미경으로는 분자와 같이 작은 구조를 볼 수 없다.

분자와 같이 작은 크기의 구조를 보기 위해서는 전자를 이용하는 전자현미경을 사용하여야 한다. 하지만 전자현미경의 배율에도 한계가 있어 원자 크기의 물체를 볼 수는 없다.

그러나 주사투과현미경(STM)을 사용하면 원자의 내부 구조는 아니더라도 원자의 배열 정도는 볼 수 있다. STM은 전자의 터널링 효과를 이용하는 현미경이다. 전압이 걸려 있는 가느다란 탐침을 물질 표면에 가까이 가져가면 물질을 이루는 원자에 잡혀 있던 전자가 터널링을 통해 탐침으로 옮겨온다.

이때 물질에서 탐침으로 옮겨 오는 전자의 수는 탐침과 물질 사이의 거리에 따라 달라진다. 따라서 탐침으로 표면을 스캔하면서 물질에서 탐침으로 터널링하는 전자의 수를 측정하면 표면의 높낮이가

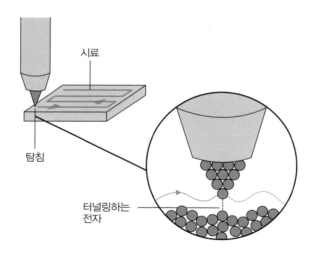

■ STM에서는 탐침과 시료 사이에 흐르는 터널링 전류를 이용하여 표면 영상을 만든다.

측정된다. 이러한 높낮이 정보를 이용하여 물체의 표면 상태를 그림으로 만들면 표면 영상이 된다.

이외에도 양자역학의 원리를 이용하여 작동하는 장치들은 많이 있다. 양자역학에서 설명하는 내용 중에는 이해하기 어려운 내용도 많이 있지만 이런 현상들은 이미 우리 삶의 일부가 되어 있다. 그리고 양자역학은 이제 새로운 이론도 아니다. 양자역학이 세상에 등장한 지도 벌써 100년 가까이 되었기 때문이다. 따라서 이제는 양자역학이 우리 상식이 되어야 할 시대에 와 있다고 할 수 있다.

눈앞에 다가온
양자컴퓨터 세상

지난 50년 동안 컴퓨터는 크게 발전했다. 컴퓨터가 발전함에 따라 자료 처리 속도가 크게 빨라졌고, 저장용량 또한 크게 증가했다. 30년 전에는 큰 연구소나 대학만 가질 수 있었던 슈퍼컴퓨터나 할 수 있던 작업을 지금은 노트북 컴퓨터에서 할 수 있는 시대가 되었다. 그러나 아직도 사람들은 컴퓨터가 느리다고 불평한다.

컴퓨터가 발전함에 따라 처리해야 할 자료의 양이 많아졌고, 수행해야 할 프로그램의 길이가 길어졌기 때문이다. 따라서 컴퓨터 제작자들은 아직도 더 빠른 컴퓨터를 만들기 위해 노력하고 있다. 그렇다면 컴퓨터는 한없이 빨라질 수 있을까? 과학자들은 현재 사용하는 컴퓨터로는 한계가 있다고 생각한다.

따라서 더 빨리 더 복잡한 일을 수행하는 컴퓨터를 만들기 위해서는 현재의 방식과는 전혀 다른 새로운 개념의 컴퓨터가 필요하다. 현재 많은 나라의 과학자들이 개발하고 있는 새로운 컴퓨터는 양자컴퓨터이다. 양자컴퓨터는 지금까지 설명한 양자역학의 이상한 성질들을 이용하여 작동하는 컴퓨터이다.

앞에서 우리는 측정하기 전에는 원자의 스핀 상태가 $a|\uparrow\rangle + b|\downarrow\rangle$와 같이 $|\uparrow\rangle$ 상태와 $|\downarrow\rangle$ 상태가 중첩된 상태에 있다가 측정하면 두 상태 중 하나의 상태로 확정된다는 이야기를 했었다. 이것은 현재 사용하는 컴퓨터에서 정보의 가장 작은 단위인 비트는 1이나 0 중 하나의 값만 가질 수 있는 것과는 달리 원자 하나가 두 가지 스핀 상태를 동시에 가질 수 있다는 것을 의미한다. 원자와 같은 양자컴퓨터에서의 가장 작은 정보 단위를 큐-비트라고 한다.

현재 컴퓨터에서는 각각의 비트를 하나하나 처리해야 했던 것과는 달리 양자컴퓨터에서는 큐-비트들의 중첩 상태를 하나의 상태로 취급할 수 있어 한꺼번에 처리하는 것이 가능하다. 이런 것을 병렬 처리라고 한다. 따라서 양자컴퓨터는 현재 사용하고 있는 컴퓨터보다 100만 배에서 1억 배 빠르게 정보를 처리할 수 있을 것으로 전망되고 있다.

양자컴퓨터에서 이용하는 또 다른 현상은 EPR 역설 부분에서 설명했던 얽힘 상태이다. 얽힘 상태에 있는 두 입자 중 한 입자의 상태를 측정해 그 입자의 상태가 하나의 상태로 확정되면 시간과 공간을 뛰어넘어 다른 입자의 상태도 즉시 확정된다. 이런 현상은 큐-비트의 상태를 제어하거나 읽어낼 때 사용된다.

양자역학적 현상들 중에서도 우리 상식으로는 가장 이해하기 어려운 중첩과 얽힘이라는 현상을 이용하는 양자컴퓨터를 만드는 데는 여러 가지 어려움이 있다. 원자 하나에 정보를 저장하기 위해서는 원자를 잡아두어야 하는데 그렇게 하기 위해서는 절대 온도 0도에 가까운 아주 낮은 온도와 고진공이 필요하고,

■ 2019년 1월에 IBM이 공개한 최초의 상용 양자 컴퓨터인 IBM Q-system 1

외부의 온도 변화, 진동, 소음도 완전히 차단해야 한다. 따라서 많은 비용이 들고 크기가 커질 수밖에 없다.

이런 어려움에도 불구하고 여러 나라의 연구소나 회사에서 이미 기초적인 양자컴퓨터를 개발하여 공개하기도 했다. 아직은 아주 간단한 형태의 정보를 처리하는 초보적인 수준의 양자컴퓨터지만 앞으로 5년이나 10년 이내에 범용 양자컴퓨터가 개발될 것이라고 전망하는 사람들이 많다. 우리나라에서도 양자컴퓨터 개발을 위해 연구하는 과학자들이 많다.

양자컴퓨터가 실용화되면 훨씬 복잡한 일을 할 수 있는 인공지능을 만드는 것이 가능해질 것이며, 고성능의 자율주행 차량을 만들 수 있을 것이고, 분자 수준에서의 물질을 제어하는 것이 가능해질 것이다. 그리고 방대한 양의 데이터를 바탕으로 최선의 조합을 알아내는 일이 훨씬 쉬워질 것이다. 그렇게 되면 수많은 입자들로 이루어진 복잡한 계를 효과적으로 통제할 수 있을 것이고, 수많은 기상 정보를 고려해야 하는 일기예보도 훨씬 정확해질 것이다.

꿈의 컴퓨터라고 부르는 양자컴퓨터를 누구나 사용하는 세상이 곧 올까? 그런 세상이 오면 세상은 또 어떻게 변할까?

양자역학은 처음이지?

1판 1쇄 발행일 2020년 3월 17일 1판 3쇄 발행일 2022년 10월 4일

글쓴이 곽영직 | 펴낸곳 (주)도서출판 북멘토 | 펴낸이 김태완

편집주간 이은아 | 편집 이경윤, 김경란, 조정우 | 디자인 책은우주다, 안상준 | 마케팅 이상현, 민지원, 염승연

출판등록 제6-800호(2006. 6. 13.)

주소 03990 서울시 마포구 월드컵북로 6길 69(연남동 567-11), IK빌딩 3층

전화 02-332-4885 | 팩스 02-6021-4885

ⓞ bookmentorbooks__   ⓕ bookmentorbooks   ✉ bookmentorbooks@hanmail.net

ⓒ 곽영직, 2020

ISBN 978-89-6319-348-9 03420

이 도서의 국립중앙도서관 출판예정도서목록(CIP)은 서지정보유통지원시스템 홈페이지(http://seoji.nl.go.kr)와
국가자료종합목록 구축시스템(http://kolis-net.nl.go.kr)에서 이용하실 수 있습니다.(CIP제어번호: CIP2020008128)